KB122884

DAS GEHEIME NETZWERK DER NATUR

자연의 비밀 네트워크

DAS GEHEIME NETZWERK DER NATUR

자연의 비밀 네트워크

나무가 구름을 만들고 지렁이가 멧돼지를 조종하는 방법

페터 볼레벤 | 강영옥 옮김

더숲

머리말
우리가 자연을 완벽하게 이해하는 것은 불가능하다

자연은 거대한 시계 장치와 유사하다. 모든 것은 일목요연하게 질서를 이루고 있고 그것들이 서로 맞물려 있으며, 모든 존재에게는 정해진 자리와 역할이 있다. 늑대를 예로 관찰해보자. 늑대는 포유동물강, 식육목, 갯과, 개속, 회색늑대종에 속하는 동물이다. 휴우! 계통 분류만 해도 참 복잡하다. 포식자인 늑대는 초식동물의 잔여 개체수를 조절하여 사슴 개체수 급증을 막는 역할을 한다. 이렇듯 모든 동물과 식물은 미세하게 균형을 유지하고 있으며 생태계의 모든 생명체에는 나름의 의미와 주어진 역할이 있다.

인간은 이처럼 복잡한 생태계를 잘 파악하고 있다는 착각에 빠진 채 방심하며 살아간다. 인간이 초원에서 유목생활을 하던 시절에는 시야가 넓을수록 생존에 유리했다. 그래서 당시 인간에게 가장 중요한 감각기관은 눈이었다. 그런데 우리의 통찰력은 그만큼 훌륭할까?

이 맥락과 딱 맞아떨어지는 어린 시절 에피소드가 있다. 내가 다섯 살 무렵 뷔르츠부르크 할아버지 댁에 놀러갔을 때다. 할아버지는 나에게 골동품 시계를 선물로 주셨다. 나는 시계의 부품별 기능이 너무 궁금한 나머지 받자마자 해체를 하고 말았다. 당연히 해체된 부품들을 재조립해서 원상태로 완벽하게 돌려놓을 수 있을 거라 생각했지만, 결국 실패했다. 철부지 꼬마였던 나는 자신이 무슨 짓을 저질렀는지도 몰랐다. 해체된 톱니바퀴들을 조립한 후에도 몇 개의 부품은 제자리를 찾지 못한 채 남아 있었다. 이 모습을 보신 할아버지의 기분이 유쾌했을 리 없다.

생태계에서 '시계의 톱니바퀴'와 같은 역할을 하는 동물이 바로 늑대다. 인간이 늑대를 멸절시키면 목동들의 적만 사라지는 것이 아니라 자연의 미세한 시계 장치가 삐걱거리기 시작한다. 강의 흐름이 바뀌고 지역적으로 멸종하는 조류의 종이 많아진다.

인간이 자연에 손을 대면 균형이 깨지면서 엇박자가 나기 시작한다. 예를 들어 인간이 인위적으로 외래 어종을 방출하면 그 지역 사슴 개체수가 급감한다. 다른 것도 아니고 어류 때문이라고? 못 믿겠지만 사실이다. 지구의 생태계는 매우 복잡해서 '~한다면 ~한다'는 조건부 공식으로는 설명할 수 없다. 자연보호를 위한 조치가 전혀 예상치 못한 현상을 초래하기도 한다. 심지어 에스파냐에서는 두루미 개체수가 증가하자 소시지 생산량이 감소하는 일이 있었다.

지금이야말로 큰 종과 작은 종 사이의 상관관계를 연구해야 할 적기다. 예를 들어 겨울밤이 되면 길에 나타나는 붉은머리파리개파리는 오래된 시체의 뼈를 찾아헤매고, 딱정벌레는 곰팡이가 핀 나무 동굴을 좋아하고 그곳에 있는 비둘기와 오소리의 깃털을 먹고산다. 그것도 두 가지가 섞여 있는 것만! 이런 재미있는 친구들을 관찰해보는 것도 좋다. 종 사이 관계를 깊이 파헤치면 파헤칠수록 신비한 현상을 발견하게 된다.

조금만 깊이 생각해보면 자연이 시계 장치보다 훨씬 복잡한 건 당연한 일이 아닌가? 자연은 시계 장치의 톱니바퀴처럼 여러 부품으로 조립되어 있을 뿐만 아니라 각 부품들은 서로 긴밀하게 얽혀 있다. 이 네트워크는 워낙 촘촘하게 짜여 있어서 자연의 일부에 불과한 인간이 자연의 모든 것을 완벽하게 이해하는 것은 불가능하다. 그래서 우리는 식물과 동물의 관계를 경이의 눈빛으로 바라볼 수밖에 없는 것이다. 인간이 조금이라도 섣불리 자연에 손을 대면 엄청난 부작용이 발생할 수 있다. 따라서 인간의 개입이 반드시 필요한 경우가 아니라면 자연은 그대로 두어야 한다. 이 사실을 깨닫는 것이 중요하다.

나는 몇 가지 사례를 통해 자연의 네트워크가 얼마나 정교하게 짜여 있는지 이야기하려고 한다. 경이로운 자연의 세계로 함께 들어가보자.

차례

머리말 | 우리가 자연을 완벽하게 이해하는 것은 불가능하다 005

늘대가 돌아왔다 011
연어가 숲을 떠도는 법 035
모닝커피 잔 속으로 흘러들어온 작은 생물들 053
초식동물 노루는 고열량을 좋아해 077
숲의 경찰관이자 은밀한 정복자, 개미 095
일사불란한 숲속의 악당, 나무좀 109
동물들의 장례식 만찬 123
깊은 밤 숲속에서는 무슨 일이 일어날까 137
검은목두루미와 소시지 생산량의 상관관계 159

너도밤나무와 참나무의 전략 '도토리 로또' 179

청설모를 보고 겨울 추위를 예측할 수 있을까 197

나무는 천천히 자란다 217

산불이 지나가고 숲에서 벌어지는 일 241

거대 초식동물의 멸종 사건 257

오늘날 인류진화가 나아가고 있는 곳은 283

자연은 그 자체로 모든 것을 조절한다 299

맺음말 | 자연의 세계를 바라보고 느끼는 법에 대하여 319

감사의 말 324

주 326

늑대가
돌아왔다

어느 날 나는 우연히 숲에서 늑대의 흔적을 발견하고
얼마나 행복하고 들떴는지 모른다.
나는 이때의 끝내주는 기분을 다른 사람들과 함께 나누고 싶다.
늑대는 숲에 야생의 기운을 다시 불어넣어 주고 있다.
울창한 숲에서 늑대 개체수가 증가할수록
멸종된 동물이 숲으로 되돌아올 가능성도 높아진다.

대자연 속 생명체들은 서로 복잡하게 얽혀 있다. 늑대 복원 사업은 이러한 대자연 속 생명체들의 연관성을 보여주는 훌륭한 사례다. 최상위 포식자인 늑대를 방사한 후 강의 흐름이 바뀌면서 강가의 주변 환경이 새롭게 조성되는 현상은 경이 그 자체다.

다음은 미국 옐로스톤국립공원Yellowstone National Park에서 실제로 있었던 일이다. 이 지역에서는 19세기에 늑대 멸절 계획에 착수했다. 인근 지역 농부들이 늑대가 농가의 가축을 위협한다며 정부를 끈질기게 압박해온 탓이었다. 1926년에는 이 지역에 서식하던 최후의 늑대 무리들마저 사살됐고, 1930년까지 간혹 몇 마리 정도 관찰되었으나 결국 이 지역에서 늑대는 완전히 종적을 감췄다.

반면 늑대를 제외한 다른 종의 동물들에는 전혀 손을 대지 않았다. 심지어 사슴과 같은 동물들은 혹한기에 산림 감독원이 먹이를 챙겨줄 정도로 적극적인 보호를 받았다. 그런데 얼마 지나지 않아 이 지역 생태계에 이상 현상이 나타났다. 다른 동물들의 개체수가 급격히 증가한 것이다. 몇몇 지역은 동물들이 풀과 나무를 다 먹어치우는 바람에 완전히 벌거숭이가 돼버렸다.

강 주변 생태계는 상태가 특히 심각했다. 주변에 서식하는 촉촉한 풀은 말할 것도 없고 나무에 돋아나던 어린 눈마저 사라져버렸다. 땅이 황폐해지자 새들이 먹을 것이 점점 줄어들면서 새의 수와 종류도 급격히 감소했다. 물과 나무가 있는 강가에서 서식하는 비버도 피해자였다.

대개 강가에는 활엽수가 자란다. 그중 버드나무와 포플러의 어린 눈은 비버가 특히 좋아하는 먹이였다. 비버들은 영양가가 풍부하고 맛 좋은 눈을 먹기 위해 나무를 갉아서 넘어뜨린다. 그런데 개체수 증가로 식량이 부족해진 사슴들이 강가로 내려와 강가에 자라던 어린 활엽수의 어린 눈까지 몽땅 먹어치우는 바람에, 비버들이 먹을 것이 줄어들고 비버의 개체수도 감소한 것이다.

그 결과 강가는 황폐해졌다. 지반을 보호해주는 식생植生*이 없어졌기 때문에 홍수가 점점 잦아지고 토양이 쓸려 내려갔다. 물론 토양의 침식도 가속화됐다. 하천 바닥의 굴곡이 심해지면서 주변 풍경도 구불구불한 형태로 변해갔다. 특히 지반이 약한 평지일수록 굴곡은 점점 더 심해졌다.

이후 수십 년 동안, 정확하게 1995년까지 이처럼 참담한

---

*　　지표를 덮고 있는 식물적 생물공동체의 전체.

상태가 지속됐다. 1995년 드디어 미국 정부는 생태계의 균형을 복원시키기 위해 캐나다에서 늑대를 포획하여 옐로스톤국립공원에 방사했다.

이후 현재까지 일어난 상황을 일컬어 학자들은 '영양 폭포 trophic cascade'**라고 한다. 작은 변화로 인해 생태계 전체의 먹이사슬에 하향식 연쇄효과가 일어난다는 것이다. 사실 먹이사슬의 최상위 포식자가 늑대일 경우 나타나는 현상은 '영양 눈사태'에 가깝다고 볼 수 있다. 우리는 배가 고프면 온갖 수단을 동원하여 먹을 것을 찾는다. 늑대도 사람과 마찬가지다. 영양 폭포의 관점에서 보면 늑대가 잡아먹을 수 있는 사슴의 개체수도 많으므로 쉽게 잡아먹을 수 있는 여건이다. 이제 무슨 일이 일어날지 훤히 보이지 않는가? 늑대가 사슴을 잡아먹기 시작하면서 사슴의 개체수는 급격히 감소했다. 이와 동시에 죽어가던 강가의 작은 나무들도 다시 살아났다.

그렇다면 생태계를 살리기 위해 사슴 대신 늑대를 선택해야 한다는 의미일까? 다행히 자연 상태에서는 이처럼 급작스런 교환행위는 일어나지 않는다. 사슴의 개체수가 적을수록 늑대가 사슴을 찾는 데 시간이 더 오래 걸리기 때문이다. 사슴의 개체수가 계속 줄어들다가 남은 개체수가 일정한 수치에 도달하

** 　영양 종속이라고도 하며 먹이망을 통해 서로 연관된 종들이 연쇄적으로 흥망성쇠하는 현상을 말한다.

면 늑대에게는 오히려 손해다. 이때부터 늑대는 먹이를 찾아 헤매다니거나 굶어 죽을 상황에 처한다.

늑대를 방사한 옐로스톤국립공원에서는 재미있는 현상이 관찰됐다. 늑대들이 나타나면서 사슴들의 행동에 변화가 생긴 것이다. 생명의 위협을 느낀 사슴들은 강가와 같이 늑대들의 눈에 잘 띄는 곳은 피하고 몸을 숨기기 좋은 곳으로 이동하기 시작했다. 간혹 강가에 모습을 드러내는 사슴들도 있었지만 오래 머물지 않았다. 사슴들은 사냥꾼인 늑대에게 잡아먹힐까 봐 한시도 안심하지 못하고 주변을 살폈다. 이제 사슴들은 주로 강가에 서식하는 버드나무나 포플러의 어린 눈을 뜯어 먹으려고 몸을 굽힐 여유조차 없었다.

버드나무와 포플러는 소위 선구식물pioneer plant*로, 다른 나무들에 비해 생장 속도가 빠르다. 선구식물 중에는 어린 눈이 1년에 1m씩 자라는 종들도 많다. 이 종에 속하는 나무들은 불과 몇 년 사이에 강가에 튼튼하게 뿌리를 내릴 수 있다. 그래서 옐로스톤국립공원 지역의 하천 바닥은 금세 단단해질 수 있었고 강의 흐름이 잔잔해지면서 토양도 거의 쓸려 내려가지 않았다. 강의 흐름으로 인해 구불구불한 지형으로 변형되던 현상도 멈췄다.

---

* 하나의 군락에 침입하는 다른 생활형을 지닌 식물. 일반적으로 수중과 육상 모두에서 생활할 수 있고 생장이 빠르다.

이제 비버들에게도 다시 먹을 것이 생겼다. 비버들이 제방을 쌓아 댐을 만들면서 물의 흐름이 느려졌고 물이 모이면서 웅덩이가 생겼다. 꼬마 양서류들의 천국이 탄생한 것이다. 양서류가 번성하면서 양서류의 포식자인 새의 종류도 다양해졌다. 옐로스톤국립공원 홈페이지에 들어가면 다양한 동물의 모습이 담긴 환상적인 비디오를 감상할 수 있다.[1]

반면 옐로스톤국립공원 생태계에 생긴 변화가 우연이라고 주장하는 학자들도 있다. 늑대가 돌아온 시기에 수 년간 지속되어왔던 가뭄이 멎고 비가 많이 내리면서 나무가 잘 자라기 시작했다는 것이다. 소위 비판론자들은, 특히 버드나무와 포플러가 습기 많은 토양에서 잘 자란다는 점을 근거로 제시했다.

그러나 비버들의 서식지에 나타난 변화를 무시하고 있다는 것이 이 주장의 맹점이다. 비버들이 서식하는 장소, 특히 강가 주변에 나타난 변화는 강수에 영향을 끼치지 않을 수 없다. 비버들이 만든 댐이 강물을 가둬주는 역할을 하기 때문에 제방에는 습기가 일정하게 유지됐고 한 달 동안 비가 오지 않아도 나무에 수분이 공급될 수 있었다. 그런데 이러한 변화는 늑대의 귀환과 동시에 나타났다.

'강가의 사슴 개체수 감소 = 버드나무와 포플러 증가 = 비버 개체수 증가' 정말 명료하지 않은가? 이렇게 간단한 공식으로 설명을 마무리할 수 있다면 얼마나 좋을까? 미안하지만 여러분을 실망시킬 말을 꺼내야겠다. 사실 이 문제는 생각보다 훨씬 더 복잡하다.

한편 옐로스톤국립공원 생태계의 변화가 사슴의 행동이 아니라 단순히 사슴의 개체수 때문에 생긴 것이라고 주장하는 학자들도 있다. 이들은 옐로스톤국립공원에 늑대들이 돌아온 후 늑대 개체수만큼의 사슴이 잡아먹혔을 것이므로 강가의 사슴 개체수가 줄어드는 것은 당연한 현상이 아니겠냐고 주장한다.

지금쯤 여러분의 머릿속은 완전히 뒤죽박죽일 것이다. 당연하다. 서문에서 말했던 것처럼 아무것도 모르는 다섯 살 소년은 호기심으로 할아버지의 시계를 분해했고, 시계는 결국 망가졌다. 이 다섯 살 소년처럼 나도 한때 미숙했다.

어쨌든 옐로스톤국립공원의 늑대 복원 사업의 경우 인간이 자연에 손을 대지 않고 한 발짝 물러나자 그제야 비로소 자연의 시계가 천천히 돌아가기 시작했다. 학자들이 이러한 과정의 전말을 완벽하게 이해하지 못했다고 고백한다면 그것은 연구가 바람직한 방향으로 흘러가고 있다는 의미다. 자연은 아주 사소한 문제로도 예측 불가한 변화가 생길 수 있다. 우리가 이 사실을 깊이 인식할수록 더 많은 지역이 보호받을 수 있다.

늑대의 귀환으로 나무와 강가에 서식하는 동물들만 혜택을 입은 것이 아니다. 포식자들도 혜택을 입었다. 가령 그리즐리곰들은 수십 년 동안 사슴 개체수가 지나치게 많아지는 통에 식량 부족에 시달렸다. 그리즐리곰들은 가을에는 베리류를 주식으로 한다. 작지만 당분과 탄수화물로 꽉 채워진 열량 덩어리인 베리류를 계속 먹어야 체중을 유지할 수 있기 때문이다. 그런데 언젠가부터 덤불에 달려 있던 열매의 수가 줄어들기 시작했다. 정확하게 말하면 약탈을 당한 것이다. 칼로리가 높고 과육과 액즙이 많은 이 열매는 사슴들도 즐겨 먹는 먹이였는데, 사슴 개체수가 증가하면서 사슴들이 그리즐리곰들의 먹이에까지 손을 댄 것이다. 그런데 이 지역 생태계에 늑대가 다시 나타나자 먹이 싸움의 경쟁자인 사슴이 줄어들면서 그리즐리곰들의 가을 식량이 풍부해졌다. 물론 곰들의 건강 상태도 훨씬 좋아졌다.[2]

　나는 앞서 늑대가 소를 사육하는 농가들의 압력으로 인해 멸절된 사실을 밝히고 이 이야기를 시작했다. 늑대는 사라졌지만 소 사육자들은 그대로 남아 있다. 이들은 지금도 옐로스톤 국립공원 지역 주변에 거주하면서 공원 경계에 인접한 목초지에게까지 가축을 기르고 있다. 안타깝게도 지난 수십 년 동안 늑대에 대한 소 사육자들의 인식은 바뀌지 않았다. 여전히 이들은 늑대가 공원 지역을 이탈하면 당연하다는 듯 사살한다. 이 지역은 늑대 개체수가 늘어나기에 최적의 조건이었으나, 최근 소 사육자들의 잘못된 인식으로 인해 늑대 개체수는 오히려 급감했다. 2003년 최대 174마리에 달했던 늑대 개체수가 약 100마리까지 감소했다.

물론 늑대 개체수가 감소한 원인을 소 사육자의 탓으로만 돌릴 수는 없다. 과학기술의 발달로 인해 개체수 변화를 더 정확하게 파악하게 된 것도 이유 중 하나다. 옐로스톤국립공원에 서식하는 늑대들은 대개 위치 추적 송신기가 장착된 목 밴드를 달고 있었다. 이 기술 덕분에 연구자들은 늑대 무리의 서식지 위치와 이동경로를 파악할 수 있었다. 늑대들이 보호 지역을 벗어나면 밴드에서 신호가 울린다.

그런데 독일의 늑대 연구자 엘리 라딩거 Elli Radinger가 조사한 바에 따르면 이 신호가 불법 행위에 악용되고 있었다. 약삭빠른 밀렵꾼들이 이 신호로 늑대의 위치를 파악하여 손쉽게 늑대를 잡아왔던 것이다. 2016년 독일 메클렌부르크 포어폼머른주의 황무지에서 새끼 늑대가 사살된 채 발견되었는데, 이 늑대는 위치 추적 송신기가 장착된 목 밴드를 달고 있었다.[3] 과학기술이 늑대의 이동경로를 파악하는 데 유용하지만 밀렵과 사살 수단으로 악용되고 있다는 사실이 유감이다.

늑대에 관한 씁쓸한 소식만 들려오는 것은 아니다. 늑대가 돌아온 이후 중부 유럽의 삼림 지역에 기적에 가까운 일이 일어나고 있다. 조만간 늑대 개체수가 과거의 상태로 복귀될 것으로 보인다. 늑대는 환경보호의 낙관적인 측면을 전파하는 전도사 역할을 톡톡히 하고 있다. 이제 사람들은 생태계에서 늑대의 역할을 인정하고 있으며 진심으로 늑대가 숲으로 돌아오길 바란다. 이러한 현상은 자연의 친구들인 동식물뿐만 아니라 자연 전체에 더할 나위 없는 축복이다.

아직도 독일의 많은 지역이 늑대복원 사업에서 한 발짝 물러서기 전의 옐로스톤국립공원과 유사한 방식으로 관리되고 있다. 여전히 인간이 늑대를 비롯한 야생동물에게 먹이를 제공하고, 그 덕분에 사슴, 노루, 멧돼지들은 먹이 걱정을 하지 않고 살고 있다. 한때 옐로스톤국립공원 지역 동물들처럼 이들은 혹독한 겨울에도 먹이 다툼으로 인한 적자생존이 무엇인지 모른다. 약한 동물들도 굶어죽지 않고 살아남아 건강한 몸으로 번식을 한다. 동물들에게 먹이를 주는 것은 산림 감독원이 아니라 다름 아닌 사냥꾼들이다. 사냥꾼들은 톤 단위로 많은 양의 옥수수, 순무, 건초를 숲으로 실어나른다. 동물들의 먹이가 떨어지지 않도록 먹이 창고를 계속 채워주면서 자신들의 사냥감을 관리하는 것이다.

이러한 상황은 산림경영에도 영향을 끼친다. 과도한 벌목으로 숲을 많이 사용하면 토양은 그만큼 더 많은 빛을 받는다. 햇빛을 많이 받으므로 식물과 풀은 더 잘 자라고, 동물의 먹이가 더 많아지면 동물 개체수도 그만큼 늘어난다. 그 사이 야생동물 개체수는 50배나 증가했는데, 이는 과거 원시림 상태에서나 볼 수 있는 수치다. 이 야생동물 무리들이 나무 묘목을 마구 먹어치우는 바람에 자연적 성장이 멈춘 숲이 속출했다.

이 현상은 숲의 입장에서는 손해지만 늑대에게는 이득이었다. 숲으로 돌아온 늑대들의 먹이 창고는 늘 가득 채워져 있었다. 동물들은 먹이가 넘치는 지역에 서식하다 보니 위기에 대응하는 법을 잊어버리고 말았다. 대략 100년 전부터는 오로지 인간만이 야생동물의 적이었다.

사실 인간은 대부분의 야생동물들처럼 운동신경과 청력이 발달하지 않았다. 하지만 낮 시간만큼은 다르다. 낮에 인간의 시력은 매우 우월하다. 이런 이유로 몸집이 큰 포유동물들은 낮에는 덤불 속에 몸을 숨기고 밤에만 모습을 드러내는 습성을 수 세대에 걸쳐 길러온 것이다. 이 전략으로 몸집이 큰 동물들은 숲에서 살아남을 수 있었고 현재에 이르렀다. 현재 독일은 면적 대비 야생동물이 많은 국가로 손꼽힌다. 대부분의 사람들이 믿지 못할 만큼 야생동물이 많다.

그중에 무플런양처럼 늑대를 만나도 '저항하는 법을 잊어버린' 종이 관찰됐다. 무플런양은 야생동물일까, 아니면 야생화된 가축일까? 사실 이 문제에 대해서는 학자들 사이에서도 여전히 의견이 엇갈리고 있다. 무플런양은 수백 년 전 지중해의 한 섬에서 방사되어 독일과 같은 위도의 지역에 퍼진 것으로 알려져 있다. 달팽이 모양으로 돌돌 말린 뿔은 사냥의 전승물이라도 되는 양 화려한 자태를 자랑하며 사슴과 노루의 뿔과 더불어 고향의 벽난로 벽을 장식하고 있다. 불법이긴 하지만 지금까지도 무플런양이 방사되고 있다.대부분은 '망이 촘촘하지 않은' 사육장 안에 풀어놓는 것이다.

그런데 무플런양이 야생동물이 아니고 원래 평지에서도 볼 수 있는 가축이었을지 모른다는 가설이 새롭게 제시되고 있다. 그러다 늑대들이 나타나는 장소마다 무플런양들이 사라졌는데, 늑대들에게 잡아먹혀 뱃속에 들어 있었기 때문이다. 그랬던 무플런양이 이제는 늑대를 만났을 때 도망쳐야 한다는 사실마저 잊어버린 듯했다.

그런데 산간 지역에서 무플런양들의 행동은 달랐다. 산간 지역에서 살다 보니 저절로 산을 잘 타게 되었고 가파른 암벽에서도 자신들을 쫓는 포식자들로부터 도망치는 데 능숙해진 것이다. 따라서 산간 지역에서 늑대는 먹잇감인 무플런양을 잡아먹을 기회조차 없다. 반면 평지인 숲에서 자란 무플런양은 주특기인 암벽 타기 실력을 발휘할 수 없고 제 아무리 몸놀림이 빨라봤자 늑대를 이길 수 없다. 평지에서 무플런양은 환경에 적응하기 전의 자연 상태로 되돌아간다. 이러한 이유로 우리는 평지에서 무플런양을 볼 수 없게 된 것이다.

이번에는 사슴과 노루를 살펴볼 차례다. 혹시 사슴과 노루도 가축이 아니었을까? 무플런양에 대한 이야기를 듣고 이런 궁금증이 생길지도 모른다. 무플런양이 늑대가 쉽게 잡아먹을 수 있는 먹잇감이라면, 염소나 송아지와 같은 다른 종의 동물들에게는 무슨 일이 일어날까? 염소나 송아지를 가둬놓는 울타리는 엉성하게 만들어져 있지만 그 녀석들은 다른 곳으로 달아나지 않는다. 늑대가 마음만 먹으면 울타리를 비집고 들어오거나 울타리 위로 팔짝 뛰어 넘어올 수도 있다. 신문에서는 독자의 관심을 끌기 위해 애매한 정보를 가지고 늑대들이 가축을 습격했다는 내용을 머리기사로 올린다. 이 부분에 대해서는 뒤에서 다시 다루도록 하겠다 이런 정보에 현혹되지 말고, 학자들은 실제로 어떤 연구를 하고 있는지 어깨너머로 살펴보도록 하자. 학자들은 가장 오랜 기간 늑대가 가장 많이 밀집되었던 지역인 동독 라우지츠 지역 늑대들의 배설물을 조사했다.

이 연구를 위해 괴를리츠의 젠켄베르크 자연사박물관 연구원들이 수천 개의 배설물 표본을 수집하고 분석했다. 연구결과 사자의 먹잇감 중 50% 이상을 차지한 동물은 양이나 염소가 아닌 노루였고, 그 다음은 40%를 차지한 사슴과 멧돼지였다. 배설물 성분 비중에서 가축은 3위에도 못 올랐다. 남은 10% 중 4%는 토끼를 비롯한 몸집이 작은 포유동물 성분이었다. 배설물 성분 중 소목 사슴과의 다마사슴이나 소목 솟과의 무플런양처럼 늑대 사냥의 먹잇감으로 사용되는 외래 품종 동물이 차지하는 비중은 2%였다. 먹이 스펙트럼에서 가축 성분은 산발적으로 검출되었는데 그 비중은 불과 0.75%였다.[4]

선정적인 기사를 좋아하는 대중 언론들은 이러한 연구결과를 사실과는 전혀 다른 관점에서 보도한다. 맹수에게 찢긴 가축들의 모습에 초점을 맞추고 상세 내용을 머리기사로 다룬다. 가축에게 몹쓸 짓을 한 범인이 야생 개일 수도 있다. 그런데 언론에서는 유전자 분석 결과가 발표되기도 전에 늑대의 소행인 양 보도한다. 그러다가 이 몹쓸 짓이 다른 포식자의 소행이었다는 사실이 밝혀지면 은근슬쩍 신문 귀퉁이에 정정 기사를 낸다. 문제는 이런 기사를 접한 후 일반인들의 머릿속에는 모든 염소와 양이 죽음의 위기에 내몰렸다는 인상만 남는다는 데 있다.

현실적으로 이런 끔찍한 일이 발생할 가능성은 매우 낮다. 늑대의 서식지와 많은 사람들에게 사랑을 받는 유용동물들의 축사는 분리되어 있다. 자신들이 기르는 동물을 보호하기 위해 주인들은 울타리를 사용하는데, 대개 단순한 구조의 전기 울타리만으로도 충분하다. 울타리의 망은 성기게 짜여 있고, 얇은 금속으로 된 망에는 전선이 돌돌 감겨 있다. 가축 사육자들이 목장 울타리 장치와 전선을 연결하면 전류가 흐른다.

독일에서는 염소 목장에도 전기 울타리를 친다. 실은 나도 울타리를 감고 있는 전선에 전류가 흐르고 있다는 사실을 까먹고 울타리 안으로 들어가려다 봉변을 당한 적이 여러 번 있었다. 어찌나 따끔하던지! 이 사건 후 나는 울타리에 들어가기 전에는 전원이 켜져 있는지 여러 번 확인하는 버릇이 생겼다.

늘대들은 코와 귀로 장애물을 감지한다. 그래서 전류가 흐르는 울타리에 몸이 닿았을 때 늘대는 사람보다 더 심하게 고통을 느낀다. 한 번 따끔한 맛을 본 늘대는 두 번 다시 이 고통을 느끼고 싶지 않아 울타리를 넘으려 하지 않는다. 차라리 주변에 있는 노루나 멧돼지 고기를 먹으려 할 것이다. 그래서 울타리는 높고 고장 없이 작동되는 것이 중요하다. 몇몇 전문가들은 울타리 높이는 90cm 정도면 충분하다고 하지만, 개인적으로는 안전을 위해 높이를 120cm로 하는 것이 좋다고 생각한다.

늘대 연구자 엘리 라딩거에 의하면, 나이가 많은 늘대들을 전기 울타리가 아닌 총으로 위협하여 밖으로 내몰면 역효과로 먹이 스펙트럼이 바뀔 수 있다고 한다. 한 번 밖으로 내몰린 늘대들은 멧돼지, 노루, 사슴을 사냥하지 않고 오히려 양이나 다른 가축에게 눈을 돌린다. 가축 사육자들 입장에서 늘대는 반가운 손님이 아니다. 사육자들은 늘대에게 습격을 당해 양과 다른 가축을 잃지 않으려면 창고에 총을 구비해두라고 조언한다.

늘대들은 독특한 방식으로 숲속 체험의 재미를 더해준다. 어느 날 나는 우연히 숲에서 늘대의 흔적을 발견하고 얼마나 행복하고 들떴는지 모른다. 늘대의 흔적이 발견된 장소는 우리 가족이 살고 있는 라인란트팔츠주의 휨멜이 아니라 스웨덴 중부의 한적한 숲길이었다. 늘대의 흔적을 쫓는 것만으로도 흥미진진한 모험이었고, 이 흔적 때문인지 숲은 야생 상태에 더 가까운 것처럼 보였다.

나는 이때의 끝내주는 기분을 다른 사람들과 함께 나누고 싶다. 늑대는 숲에 야생의 기운을 다시 불어넣어 주고 있다. 울창한 숲에서 늑대 개체수가 증가할수록 멸종된 동물이 숲으로 되돌아올 가능성도 높아진다. 늑대를 의도적으로 방사한 옐로스톤국립공원과 달리 독일에서는 늑대들이 자발적으로 숲으로 돌아오고 있다. 늑대들은 폴란드를 거쳐 독일로 넘어와 다른 지역으로 서서히 이동하고 있다.

늑대가 돌아왔으니 숲속을 산책할 때마다 늑대가 나타날까 봐 걱정해야 하는 걸까? 신문을 보면 이상 행동을 보이는 늑대가 나타나고 있다는 기사가 점점 늘어나고 있다. 하지만 늑대가 사람을 해쳤다는 내용은 없다. 사람들은 마을이나 유치원 인근에 늑대가 나타났다는 말만 들어도 겁을 먹고 얼어붙는다. 어쨌든 늑대는 야생동물이다. 그래서 인간이 쓰다듬고 안아줄 애완동물로는 적합하지 않다. 물론 사람 손에 길들여진 늑대는 위험하기는 하지만 사람을 해치지 않는다.

이런 이유로 공공연히 늑대들에게 먹이를 주라고 가르치는 시민들도 있긴 하다. 쿠르티Kurti와 품파크Pumpak는 이런 방법으로 사람에게 길들여진 늑대다. 이들은 주민 거주 지역에 자주 출몰한다. 다행히 쿠르티와 품파크는 사람을 위협하는 행동은 보이지 않은 것으로 확인되었다. 사실 잘못은 늑대가 아니라 늑대에게 먹이를 주는 사람이 저지르고 있었다.

　우리는 이 모든 상황을 다른 관점에서도 살펴볼 필요가 있다. 숲속을 어슬렁거리는 늑대가 수백 마리가 아니라 수천 마리라면 어떤 일이 벌어질까?

　오래전부터 이런 상황이 예견되어왔고 점점 현실로 다가오고 있다. 사람의 손을 탄 늑대는 숲이 아니라 도시에도 우글거린다. 우리가 집에서 키우는 개가 바로 일종의 길들여진 늑대다. 늑대와 개는 조상은 같지만 한 가지 다른 점이 있다. 이제 개는 사람을 더 이상 무서워하지 않는다는 것이다. 숲속을 배회하는 늑대와 개 중에서 무엇을 마주치는 게 나은지 묻는다면 나는 늑대를 택할 것이다. 늑대는 뭔가 의심스러운 상황에서만 호기심을 보이고 자신이 만난 대상을 확실히 알고 있을 때는 그냥 사라진다. 게다가 인간은 늑대의 먹이 스펙트럼에 포함되었던 적이 없다.

　우리 마음을 불편하게 하는 행동을 많이 하는 쪽은 늑대가 아니라 오히려 개다. 자연보호기구NABU의 올라프 침프케Olaf Tschimpke 회장은 동물이 사람을 물어뜯는 사고는 연간 1만 건에 달하며, 희생자가 사망에 이를 정도로 심각한 사고도 간혹 발생한다고 한다.5 그중 늑대가 일으킨 사고는 극히 일부다. 그럼에도 인간의 안전을 위해 모든 동물을 총으로 쏘아 죽여야 한다고 요구하는 사람들이 있을지도 모른다.

사람을 해치는 동물 중 요즘 신문의 머리기사를 가장 많이
장식하는 동물은 멧돼지다. 베를린 중부에서는 야생 암퇘지가
초지를 갈아엎는 사건이 종종 발생한다. 초지 소유자들은 불안
에 떨면서 야생 암퇘지와 불과 몇 미터 거리에서 소리를 지르고
박수를 치며 암퇘지들을 쫓아낸다. 이 지역에서 멧돼지가 출몰
하면서 튤립 화단은 엉망이 되어버렸고, 멧돼지들이 포도와 옥
수수를 먹어치우는 바람에 포도밭과 옥수수밭은 황폐해졌다.
곳곳에서 멧돼지로 인한 수확물 피해가 속출하고 있다. 수십 년
전부터 멧돼지 개체수는 지속적으로 가파른 상승세를 보여왔
다. 예전에 멧돼지는 인간의 천적이었다. 그런데 늑대가 경쟁자
로 등장하면서 사정이 달라졌다.

몇 년 전 나는 예전에 갈탄 산지였던 브란덴부르크를 지나
가다가 우연히 늑대의 배설물을 발견했다. 배설물 성분에서 백
색 뼈 잔해와 두껍고 검은 털이 검출된 것으로 보아 분명 멧돼
지였다. 그때 난 늑대의 삶이 얼마나 고달픈지 피부로 느낄 수
있었다. 늑대들은 매번 엄청난 위험을 감수하면서 주린 배를 채
우고 있었던 것이다.

나는 멧돼지 소탕 작전의 작업 감독직을 맡았던 적이 있다.
훈련견을 투입하여 덤불 속에서 멧돼지를 수색하고 쫓는 작업
이었다. 저녁 무렵이 되면 훈련견 다섯 마리 중 세 마리만 살아
돌아왔다. 나머지 두 마리는 멧돼지와의 사투 끝에 목숨을 잃었

던 것이다. 멧돼지 소탕 작전에 훈련견을 투입하는 지도사들은 지역 수의사들에게 수색 현황을 알리고 연락망을 조직해달라고 요청했다. 그날의 수색 작업이 끝나면 멧돼지의 날카로운 송곳니에 물린 훈련견의 상처 부위를 직접 바늘과 실로 꿰매는 지도사들도 있었다.

늑대의 경우 상처가 이보다 심하지 않을지라도 생명이 위태로울 수 있다. 게다가 늑대들은 사냥을 할 수 있는 기회도 제한되어 있으므로 굶어죽을 가능성이 높다. 고작 10년 남짓을 살다 세상을 떠나는 늑대들이 매일 이런 위험을 극복하며 살아간다는 사실이 감탄스러울 따름이다.

늑대 이야기를 마무리하기 전에 옐로스톤국립공원 이야기로 잠시 돌아가보자. 옐로스톤국립공원 외에도 지구상에는 각종 동식물로 풍부하게 뒤덮인 지역이 여러 곳 있다. 그중 하나가 중부 유럽일 것이다. 이처럼 야생 지역이 될 수 있는 조건은 단 하나, 수천 킬로미터에 달하는 광대한 면적의 대자연에 인간이 더 이상 손을 대지 않는 것이다. 아쉽게도 독일과 같은 위도에 있는 국가에는 이런 지역이 없다.

그렇다면 국립공원의 사정은 어떨까? 다른 지역의 운영 사례를 모범으로 삼아 국립공원에 자연보호구역을 지정할 수 있을까? 자연보호구역을 지정한다고 해도 지구의 자연 생태계 규모에 비하면 이는 턱없이 작은 규모다. 자연보호구역에는 늑대의 무리만 존재하는 것이 아니라 온갖 생명체가 모여 있다. 따라서 인간은 모든 것이 복잡하게 얽혀 있는 자연의 프로세스를 연구하기 어렵다. 아직 인간의 손길이 많이 닿지 않은 이곳을 어떻게 다뤄야 할지 아무도 모른다.

독일의 일부 국립공원에서는 일반 경제림보다 훨씬 넓은 면적에 해당하는 지역에서 대대적인 벌목 사업을 시행하였다. 책임자들은 이곳을 '개발 구역'이라 한다. 물론 좋은 의도로 벌목 사업을 시행했다고는 하지만 이는 서투른 손놀림으로 섣불리 자연에 손을 대는 행위다.

자연은 인간이 모든 일이 순리대로 돌아가도록 내버려둘 때 놀라운 결과를 보여준다. 아니면 이 지역에서만 멸종된 생물을 조심스럽게 재정착시키거나 외래종을 내보내는 것 정도가 자연을 살리는 데 도움이 될 것이다. 미국 최초의 국립공원인 옐로스톤국립공원처럼 다른 나라의 성공 사례를 참고하는 것도 좋다.

늑대 이야기는 이쯤에서 마무리하고 물고기로 주제를 바꿔보려고 한다. 정확하게 말하면 미국 호수 송어 *Salmo trutta lacustris* 이야기다. 미국과 캐나다가 원산지인 호수 송어는 개체수가 급감하여 현재 멸종위기에 처해 있다. 그동안 당국은 야생 개체수를 늘리기 위한 목적으로 막대한 비용을 들여 양식 사업을 실시해왔다. 그런데 호수 송어는 이 지역에서만 멸종위기에 처한 것이 아니라 다른 지역에서도 위험한 상태다. 사실 호수 송어는 약 30년 전 옐로스톤국립공원의 호수에 갑자기 나타났다. 현지에서 어종 스펙트럼을 확대하려는 낚시꾼들이나 자연보호를 잘못 이해하고 있는 사람들이 이 사실을 모르고 있을 뿐이다.

이 지역 생태계에 컷스로트 송어 *Oncorhynchus clarki*와 같은 유사 어종이 살고 있지 않다면 이론적으로는 문제될 것이 없다. 컷스로트 송어는 하악 부위, 동물로 비유하자면 목덜미가 피로 붉게 물들어 있다고 하여 붙여진 이름이다. 새 어종인 호수 송어가 들어오면서 영역 싸움이 벌어졌고, 몸집이 더 큰 호수 송어가 몸집이 더 작은 컷스로트 송어를 몰아내게 된다. 그런데 이 영역 싸움은 송어들의 세계에서 끝나지 않았다. 몇 년 전부터 사슴들까지 이 싸움에 휘말려 시달리고 있다.

식물의 포식자인 사슴과 컷스로트 송어가 대체 무슨 관련이 있을까? 이 수수께끼를 풀려면 중간 단계에 무슨 일이 벌어졌는지 살펴보아야 한다. 이 사건은 그리즐리곰과도 관련이 있다. 그리즐리곰들이 좋아하는 컷스로트 송어가 영역 싸움에서 밀려 그 사이 희귀종이 된 것이 문제였다.

송어는 작은 개울에 알을 낳기 때문에 포식자들이 알을 잡아먹기에 딱 좋은 조건이다. 그런데 새로 유입된 호수 송어들은 전혀 달랐다. 수정처럼 맑은 개울에서 휘파람 소리를 내고 강바닥에 알을 낳는다. 그런데 그리즐리곰들은 산란한 송어는 잡아먹지 않는다. 배고픈 그리즐리곰들은 다른 방법으로 먹잇감을 찾기 시작했다. 좋아하는 먹잇감을 잡아먹기 힘들어진 그리즐리곰들은 땅에서 먹잇감을 하염없이 기다렸다. 이들은 사슴의 새끼를 지켜보고 있다가 두툼한 앞발의 발톱으로 낚아채서 잡아먹었고, 그 바람에 사슴 개체수가 급격히 감소했다.[6]

능대들은 아무것도 하지 않았는데 강가에 사는 동물의 개체수가 감소했다. 그런데 이 경우에도 일이 간단하지 않다. 능대들이 다 자란 동물들을 잡아먹는 동안 그리즐리곰들이 사슴의 새끼를 잡아먹으면서 이 지역 동물의 연령 분포에 큰 변화가 생겼다. 고령화 현상이 일어나면서 개체수 감소에 영향을 준 것이다. 이러한 현상은 나무의 입장에서는 이득이지만 사슴의 입장에서는 손해다.

능대의 귀환을 통해 확실하게 깨달은 사실이 있다. 생태계는 그야말로 다양하고 복잡하며 작은 변화가 모든 생물에 연쇄적으로 영향을 끼친다는 것이다. 어쩌면 생태계 변화에 영향을 끼친 장본인은 능대가 아니라 호수 송어와 그리즐리곰 콤비인지도 모른다. 생태계라는 거대한 시계에는 우리가 알고 있던 것보다 훨씬 더 많은 톱니바퀴가 있다.

여기에 물고기들까지 맞물려 있다. 물고기들이 어떤 방식으로 숲 생태계에 영향을 끼치는지 다음 장에서 자세히 살펴보도록 하자.

연어가
숲을 떠도는 법

미세 분자 분석 결과, 강 연안 식생 질소의 최대 70%가 바다,
즉 연어에서 유래했다고 한다.
연어로 인해 덕을 보는 건 나무뿐만이 아니다.
앞서 언급했듯이 여우, 조류, 곤충은 연어로 배를 채우고,
이들의 사체는 또 다른 동물들의 먹이가 된다.
그런 의미에서 많은 종의 조류가 연어 덕을 본 것은 확실하다.

나무와 물고기의 관계를 보면 생태계가 얼마나 복잡하게 얽혀 있는지 알 수 있다. 특히 토양의 영양분이 풍부한 지역의 경우, 나무의 성장과 물고기의 빠른 몸놀림 사이에는 밀접한 관련이 있다.

어류는 하천의 영양물질을 분배하는 데 중요한 역할을 한다. 유년기의 연어는 바다를 떠돌며 그곳에서 2~4년 정도 머무른다. 연어는 바다에서 사냥을 하며 먹고사는데, 이 시기에 연어의 몸무게와 몸집이 본격적으로 성장한다.

북아메리카 태평양 연안에는 다양한 종류의 연어가 분포되어 있다. 그중 몸집이 가장 큰 종은 왕연어다. 유년기를 바다에서 보내는 왕연어는 길이가 무려 1.5m에 몸무게는 30kg에 달한다. 드넓은 대양을 떠돌며 실컷 먹어 통통하게 살이 오른 연어의 몸은 다량의 지방 성분으로 구성되어 있다. 산란기가 되면 성어들은 모천으로 돌아가는데, 살과 지방은 이 고된 여정을 위해 비축해둔 것이다.

강의 흐름을 거슬러 헤엄쳐야 하는 연어의 귀향길은 험난하다. 수천 킬로미터가 넘는 거리를 헤엄치고 폭포를 지나야 연어는 비로소 모천에 도달한다. 회귀하는 동안 질소 화합물과 인 화합물이 연어의 몸에 농축되어 함께 이동하게 되는데, 연어들은 이런 일에는 신경 쓸 여력이 없다. 천신만고 끝에 모천에 도착한 후에도 험난한 여정은 계속된다. 이곳에서 연어는 처음이자 마지막 사랑을 나누며 생명을 탄생시킨다. 모천으로 돌아가는 동안 연어의 비늘색은 은회색에서 붉은색으로 변한다. 회귀 과정에서 먹이를 먹지 않기 때문에 몸무게가 줄어들기 시작하면서 이 시기 연어의 지방 함량은 계속 감소한다. 모천에 도착한 연어들은 탈진하여 죽기 직전까지 사랑을 나누며 짝짓기를 하는 데 사력을 다한다.

숲속 생물들에게 연어가 모천으로 돌아가는 어류 이동기는 수확기다. 이 시기가 되면 수확의 조력자들이 물가 주변을 에워싼다. 바로 아메리카 북부 태평양 연안의 그리즐리곰과 흑색곰이다. 이들은 물살이 빠른 급류에서도 상류로 이동 중인 연어를 잡아먹는다. 그 덕분에 겨울에도 피하 지방층을 유지할 수 있다. 어류의 분포 지역과 이동기에 따라 다소 차이가 있긴 하지만, 이 시기에 잡은 연어는 살이 많지 않다.

곰들은 처음에는 연어를 잡는 족족 먹어치우지만 점점 식성이 까다로워진다. 이 무렵 연어들의 체력이 바닥이 나기 때문에 몸에 남아 있는 지방이 많지 않다. 입맛이 까다로워진 곰들은 지방 함량이 낮은 연어는 잡아도 잘 안 먹는다. 이제 드디어 다른 동물에게도 배를 채울 수 있는 기회가 온 것이다! 밍크, 여우, 수리목의 새들과 수많은 곤충들은 부패한 물고기를 발견하면 서로 차지하려고 아우성이다. 그래서 이들은 자신들만이 아는 비밀 장소로 부패한 어류를 옮겨놓는다.

동물들이 부패한 어류를 신나게 해치우고 나면 가시나 대가리 등이 남는다. 그리고 이 찌꺼기들이 흙과 만나면 퇴비가된다. 한 차례 잔치가 끝나고 나면 동물들은 배설물을 남기는데, 이 배설물을 통해 다량의 질소가 배출된다. 강을 따라 숲으로 분배되는 질소는 상당량이다. 생물학자 스콧 M. 젠디Scott M. Gende와 토머스 P. 퀸Thomas P. Quinn이 《학문의 스펙트럼Spektrum der Wissenschaft》에 발표한 논문에 따르면, 미세 분자 분석 결과, 강 연안 식생 질소의 최대 70%가 바다, 즉 연어에서 유래했다고 한다. 젠디와 퀸은 질소가 나무 성장을 촉진하여, 이 지역의 시트카 스프루스Picea sitchensis, 북미 서부산 가문비나무속 수목는 연어가 부패하여 생성된 퇴비 성분이 없는 지역의 시트카 스프루스보다 3배나 키가 크다고 보고했다. 대부분의 나무에는 연어로부터 배출된 질소 비율이 80%를 넘는다고 한다.7

이런 것들을 어떻게 알 수 있을까? 그 답은 질소 동위원소 15N에서 찾을 수 있다. 독일과 같은 위도 지역에서 이 규모의 수치는 바다 혹은 물고기에서만 검출된다. 식물에서 이러한 분자가 발견된 경우, 역으로 추적하여 질소의 출처를 밝혀낸다.

이 경우에는 연어가 답이다.

물론 동물들에게 인기 있는 모든 영양물질이 땅에 머물러 있는 것은 아니다. 언젠가는 이 영양물질이 누군가의 뱃속에서 소화된 후 배설물이 되어 다시 배출되고, 이 배설물은 땅속으로 흡수된다. 땅에는 뿌리가 있는 나무들이 양분을 기다리고 있다. 식탐이 많은 나무들은 배설물을 탐지하는 즉시 허겁지겁 흡입한다. 이 과정에서 균류가 나무에 도움을 준다. 균류는 땅에 떨어진 배설물을 부드러운 솜처럼 흡수하여, 영양물질이 몇 배로 증가할 수 있도록 돕는다.

언젠가 나뭇잎은 땅에 떨어지고, 원시림이 죽으면 나뭇가지도 부패한다. 미생물 부대인 균류가 이 모든 물질을 깔끔하게 분해하고 나면 영양물질이 생성된다. 아직 살아있는 또 다른 나무들이 땅에서 공짜로 보내주는 삶의 영약을 섭취하기 위해 대기하고 있다. 모든 영양물질이 촘촘하게 짜인 네트워크에 남아 있는 건 아니다. 일부는 물을 따라 강으로 흘러들어가 바닷물에 씻긴다. 바다에서도 무수히 많은 미생물들이 강에서 넘어온 영양분이 풍부한 선물을 기다리고 있다.

일본의 사례를 보면 나무가 남긴 영양물질이 바다 생태계에 얼마나 중요한 역할을 하고 있는지 알 수 있다. 일본 홋카이도대학교 해양생물학 교수 마츠나가 가츠히코松永勝彦는 떨어진 나뭇잎에 있던 산 성분이 개울과 강을 거쳐 바다로 흘러들어가는 과정에서 씻긴다는 것을 발견했다. 바닷물로 흘러들어간 산성분은 먹이사슬의 1차 요소이자 가장 중요한 구성요소인 플랑크톤 성장을 촉진시킨다.

숲 때문에 어류 개체수가 늘어난 것일까? 학자들은 지역 수산업 관리 차원에서 해안과 강가에 나무를 심도록 권장했다. 그랬더니 실제로 더 많은 나뭇잎이 물에 떨어지게 되었고 어류와 이매패류-Bivalvia, 조개류 개체수가 증가했다.[8]

북아메리카 숲의 시트카 스프루스와 다른 종 생물의 거름이 된 연어 이야기로 다시 돌아가자. 연어로 인해 덕을 보는 건 나무뿐만이 아니다. 앞서 언급했듯이 여우, 조류, 곤충은 연어로 배를 채우고, 이들의 사체는 또 다른 동물들의 먹이가 된다. 이 맥락에서 곤충에 대해 다시 살펴보자. 빅토리아대학교 톰 라임큰Tom Reimchen 박사는 대부분의 곤충 사체 표본에서 질소 비중이 최대 50%에 달한다는 사실을 확인했다.[9] 연어가 서식하는 하천 주변은 질소 성분이 풍부하고, 곤충은 물론이고 식물까지 종의 다양성이 증가하는 특색을 보였다. 그런 의미에서 많은 종의 조류가 연어 덕을 본 것은 확실하다.

라임큰 박사 연구팀은 고목에서 코어 시료*를 채취했다. 역사 기록관이나 다름없는 고목의 나이테를 관찰하면 나무가 어

---

* 　토양 등 물체의 구조에 파괴가 일어나지 않도록 원통을 박은 후 그 안의 물질을 채취한 것.

떤 세월을 보냈는지 짐작할 수 있다. 가뭄이 든 해에는 나이테의 간격이 좁고, 비가 많은 해에는 나이테의 간격이 넓다. 물론 이 나무가 얼마나 많은 영양물질을 갖고 있는지도 알 수 있다. 이렇게 과거 어종의 다양성과 나무에서 검출되는 질소 동위원소 N15 사이에 직접적인 상관관계를 확인할 수 있다. 나무를 통해 과거 연어 개체수에 관한 정보를 얻을 수 있는 것이다. 지난 100년간 연어 개체수는 급격히 감소하여 북아메리카의 하천 중에는 연어가 서식하지 않는 곳도 있다.

이 연구가 유럽의 숲과 어떤 관련이 있을까? 이러한 질소량은 과거 유럽의 자연 상태를 고려하면 엄청난 양이다. 유럽의 하천에는 한때 연어가 풍부했고 그리즐리곰도 살았다. 안타깝게도 어느 순간 나무가 사라졌고, 나무를 통해 어류가 부패하여 생성된 질소를 찾을 수 없게 되었다.

자세한 사정은 이렇다. 유럽에서는 중세 시대에 이미 벌목이 이루어졌을 만큼 나무를 너무 많이 사용해왔기 때문에 고목이 완전히 사라졌다. 현재 독일에 서식하는 너도밤나무, 참나무, 가문비나무, 소나무의 평균 나이는 80세도 안 된다. 대략 80년 전부터 곰은 물론이고 연어도 자취를 감추었기 때문에 독일에 서식하는 나무에는 질소 동위원소 N15 분자가 거의 없다. 그 전의 상태는 어땠을까? 골조 주택의 대들보에서 답을 찾을 수 있을지 모르겠다. 내가 알기로는 지금까지 이 연구를 한 사람은 없다.

가정부가 일주일에 3회 이상 연어를 식탁에 올리는 것을 금지했다는 등의 이야기를 아직까지도 질리도록 들을 수 있는 걸 보면 한때 유럽에 연어가 많았다는 사실만큼은 확실하다.[10]

한때 유럽에서 사라졌다 다시 나타나고 있는 종은 대서양 연어다. 이는 환경보호 운동, 특히 하천 수질 청정 사업이 성공을 거둔 덕분이다. 나는 라인강 인근 지역에서 어린 시절을 보냈는데 부모님은 강물에서 놀지 못하게 하셨다. 그때만 하더라도 라인강 물은 화학 공장에서 흘려보내는 폐수에 오염되어 혼탁했고 그 구정물에서 살 수 있는 어종은 많지 않았기 때문이었다.

독일 정부는 1980년대부터 서서히 수질보호 조치를 취하기 시작했다. 1988년 클라우스 퇴퍼 Klaus Töpfer 환경부 장관은 라인강에 직접 들어가 건너는 투혼을 발휘했다. 3년 전 자기 입으로 큰소리를 뻥뻥 치며 국민이 마음 놓고 수영할 수 있는 수준으로 라인강 수질을 대폭 개선하는 환경 정책을 추진하겠다고 했으니, 퇴퍼 입장에서는 어쩔 수 없는 선택이었을 것이다. 독일의 시사 주간지 《슈피겔 Spiegel》은 환경부 장관이 시뻘건 눈으로 더러운 구정물에 들어가는 모습을 비꼬는 어조로 보도했다. 물론 당시 라인강은 사람이 수영할 수 있을 만큼 깨끗하지 않

왔다.[11]

다행히 그동안 라인강은 깨끗해졌다. 이제 사람들이 물놀이를 즐길 수 있을 정도의 수준이 되었다. 물론 라인강에 서식하는 연어들도 환경의 변화를 느끼고 있을 것이다. 그럼에도 연어들에게는 여전히 많은 도움이 필요하다. 연어는 성어가 되면 모천으로 돌아간다. 모천에 서식하는 어종들이 전부 멸종하면 모천으로 돌아올 물고기가 없으니 이들의 모습을 두 번 다시 볼 수 없게 된다.

그런데 이곳에 오래 서식하던 물고기들의 출생지는 다르다. 활발하게 활동하는 환경단체에서 적합한 하천을 찾아 수천 마리의 치어를 방류하고 있기 때문이다. 물론 적합한 하천을 찾는 일도 만만치 않다. 도처에 설치된 수력발전소와 댐이 연어가 이동하는 데 걸림돌이 되고 있기 때문이다. 발전소 터빈이 길을 막고 있어서 공들여 키운 연어들은 바다로 이동하고 싶어도 이동할 수 없다. 그래서 이 귀한 연어들이 졸지에 연어 초밥 신세가 되기도 한다. 연어들이 바다에서 하천으로 돌아오는 길의 제방에는 어도魚道*가 설치되어 있다. 어도 옆에서는 물이 한 계단씩 혹은 한 통씩 흐를 때마다 첨벙첨벙 소리가 난다. 이것은 급류와 흡사하여 연어들은 작은 몸동작으로 위로 펄쩍 뛰어오를

---

*   물고기가 하류에서 상류로 올라갈 수 있도록 만든 구조물

수 있다.

내 관할 구역에서도 막대한 비용을 투자하여 연어가 서식하기 좋은 환경으로 개선하는 사업을 시행했다. 이 지역에는 아르무츠바흐Armuthsbach**를 막아놓은 오래된 제방이 있었다. 수심이 4m도 채 되지 않는 아르무츠바흐라는 명칭에는 이전 세대들의 생활상이 반영되어 있다. 옛날 사람들은 물의 흐름이 바뀔 때의 수력을 이용하여 곡물을 갈았다. 물의 흐름이 바뀌면 물고기들이 사는 연못에 신선한 물이 공급되었다.

반면 제방 설치로 인해 아르무츠바흐는 황폐해졌다. 댐이 물길을 가로막는 바람에 아르무츠바흐를 대표하는 어종 중에서 남은 것은 연어뿐이었다. 게다가 갑각류를 포함한 다른 종의 생물들도 다른 곳으로 이동할 수 없게 되었다. 사람이 산 아래로만 이동하다 보면 산 위로 이동할 수 없는 것과 마찬가지다. 이런 추세가 지속되다 보면 제방 위에서는 몸집이 더 큰 다른 생물은 나타나지 않을 수밖에 없다.

이러한 이유로 댐이나 제방 같은 구조물들을 점진적으로 철거하기 시작했다. 그 결과 물고기들은 산란 장소인 모천으로 다시 올라갈 수 있게 되었다. 이 사업은 대성공이었고 우리에게 희망을 심어줬다. 성어가 된 연어들이 돌아오기 시작했다.12 바

** 독일 노르트라인 베스트팔렌과 라인란트팔츠를 흐르는 아르강의 지류.

다에 연어를 방류하고 몇 년이 지난 뒤, 연어들은 모천으로 돌아와 산란을 했다. 자유롭게 태어난 진짜 야생 연어 첫 세대는 이렇게 등장했다.

연어들이 돌아왔지만 아쉽게도 곰은 아직 돌아오지 않았다. 라인강변에 대도시가 많은 것도 환경에는 충분히 문제가 될 수 있다. 반면 농촌 지역에서는 무슨 일이 일어날지 훤히 보인다. 어류와 자연을 공유하며 살아가는 생물이 곰밖에 없는 것은 아니다. 어류의 포식자로는 조류도 있다. 가마우지와 같은 조류는 어떻게 살고 있을까? 한때 멸종위기에 처했던 가마우지는 법으로 엄격하게 보호받으면서 중부 유럽의 강에 다시 모습을 드러내고 있다. 1990년대부터 나는 라인강과 내 고향 마을 휨멜 인근에서 시작하여 아르무츠바흐로 이어지는 아르강에서 가마우지를 정기적으로 관찰하고 있다.

노련한 잠수부인 가마우지는 귀신같이 물고기를 잘 잡는다. 배를 두둑하게 채우고 난 다음 포만감에 행복해하며 원시림의 나뭇가지 위에서 잠을 잔다. 가마우지는 나무 위에서 배설물 덩어리를 배출하는데, 이 배설물에 자연 생태계에 더없이 소중한 질소 성분이 들어 있다. 그런데 가마우지가 너무 많아도 문제다. 가마우지가 나무 위에 떼로 날아들면 나무에는 오히려 해가 될 수 있다.

물돌이 지형인 자르슐라이페Saarschleife강변은 북아메리카 숲을 모방하여 더글러스 소나무*Pseudotsuga** 숲을 인공적으로 가꾸었다. 이 지역에 가면 가마우지 군락이 있다. 그 많은 가마우지들이 똥을 싸대니 냄새가 고약할 수밖에. 많은 가지와 잎이 달려 있는 나무줄기의 윗부분은 이 냄새를 못 이기고 이미 죽어 있다. 이 지역 숲 소유주들에게는 정말 짜증나는 일이다.

물론 이것이 가마우지한테 미운 털이 박힌 결정적인 이유는 아니다. 정부에서 막대한 비용을 들여 연어를 방류한 덕분에 연어들이 모천으로 돌아갈 환경을 만들어놓았는데, 실제로 모천으로 돌아가는 연어 수는 많지 않다. 연어들이 모천에 도착하기도 전에 가마우지들에게 잡아먹혀 버리기 때문이다. 여기서 다시 자연 생태계의 영양물질 순환이 시작되는데, 이 순환은 인간의 이해관계와 충돌할 때가 많다. 나는 가마우지들이 그동안 노고를 수포로 만드는 것에 수수방관할 수 없다는 사람들의 입장을 충분히 이해한다. 그렇다고 가마우지들한테 총을 겨눠야 할까?

앞에서 잠시 다뤘던 아르강에서는 실제로 이런 일이 벌어지고 있다. 연어 생태계를 살린다는 명목으로 가마우지 사살을 적극 지원하고 있는 것이다. 아르강 동식물군 보호 및 육성 협회ARGE Ahr e. V. 홈페이지에 가마우지 사냥은 원래 유럽연합 법령

---

*   북아메리카 태평양 연안이 원산지로 미송이라고도 한다.

에 의해 엄격히 제한되고 있으나 예외 규정이 있다고 명시되어 있다. 그리고 이를 수산업계의 손실을 막기 위한 조치라고 밝혀 놓았다. 협회 정관을 잠시 살펴보았더니, 회원은 어업 구역 임차인, 임대인, 낚시꾼만 가능하다고 되어 있다. 협회에서는 연어 생태계를 보호하기 위한 활동이라지만 칭찬받을 만한 행위인지 모르겠다. 뒤끝이 영 개운치 않다.

지구상의 인구 밀집 지역 주변에 있는 숲실제로 중부 유럽 전체가 인구 밀집 지역이다은 아직도 천연 질소 비료가 필요할까? 지난 수십 년간 나무를 위해 전혀 다른 형태의 질소원이 개발되었고 지금은 범람하고 있다. 이러한 질소원들은 더 이상 자연과는 상관이 없다. 아메리카 북부 지역의 대기는 맑고 깨끗하지만 유럽의 대기는 걸쭉한 수프처럼 혼탁하다. 시각적인 측면이 아니라 유해 물질 수준과 관련해서 그렇다는 얘기다. 아니면 이것을 '영양물질'이라고 표현하는 것이 나을까? 왜냐하면 차량에서 배출되는 배기가스와 농작물에 뿌려지는 액체 거름이 식물보다 더 많은 영양물질을 제공하기 때문이다. 이 순서대로라면 우리 입장에서는 좋은 일일 수 있다.

질소는 대기를 구성하고 있는 물질 중 많은 부분을 차지하고 있다. 지금 이 책을 읽고 있는 동안에도 우리는 호흡을 하면서 다량의 질소를 배출한다. 우리 몸에 중요한 성분인 산소의 비중은 겨우 21%인 반면, 별로 중요하지 않은 질소의 비중은 무려 78%에 달한다. 우리는 호흡을 하는 동시에 불필요한 가스를 분리하여 몸 밖으로 배출한다. 엄밀히 말해 우리가 호흡을 통해 내뱉는 성분 중 3분의 1은 중요하지 않다. 그렇다고 질소가 우리 몸에 쓸모없는 성분이라는 의미는 아니다. 질소는 단백질, 아미노산, 기타 물질 등의 형태로 체내에 존재하며 한 사람 체중의 2kg 정도를 차지한다.[13]

식물의 호흡 과정도 이와 유사하다. 식물의 호흡에서는 가스가 필요 없다. 식물들이 질소에 관심을 갖는 이유는 식물 안에 포함된 특수 화합물 때문이다. 이 화합물들은 질소와 화학반응을 일으키고 단백질과 유전물질 속에 삽입된다. 아쉽게도 이런 일이 자연적으로 일어나는 경우는 드물다. 나무가 연어가 있는 하천 주변에서 자랄 수 있다는 것은 행운이다. 하천을 지나가는 동물들이 남긴 배설물과 나무의 뿌리까지 썩게 만드는 사체가 이미 그런 역할을 하고 있기 때문이다. 인간에게는 이런 행운이 주어지지 않았다.

번개에서 발생하는 에너지는 대기 구성 물질과 결합하여 질소 산화물을 생성시키는 데 도움을 준다. 일부 나무종은 특수한 뿌리혹에 살고 있는 박테리아와 함께 공중 질소를 가공할 수 있는 상태로 전환시키는 능력을 발전시켜왔다. 그 예 중 하나로 오리나무는 질소 비료를 생산할 수 있다. 유감스럽게도 대부분

의 나무들은 이런 능력을 갖추지 못해서 동물의 배설물에 의존
하고 있다.

　일반적으로 자연은 이처럼 활용도가 높은 질소 화합물을 진
귀한 미식美食으로 받아들이는 경향이 있다. 이 과정에 인간이 끼
어들었다. 인간이 발명한 현대적 연소 기관인 자동차나 난방 기
관은 번개와 동일한 역할을 하고 있다. 공중 질소와 산소는 연소
기관의 연료를 태울 때 발생하는 부산물의 형태로 결합한다. 이
배기가스는 바람을 통해 전국으로 퍼지고 빗물에 씻겨서 토양에
스며든다. 농사를 지을 때도 질소 성분이 포함된 화학비료를 사
용하므로 다량의 질소가 토양으로 흘러들어갈 수밖에 없다.

　인간의 활동으로 인해 방출되는 질소 화합물의 양은 엄청
나다. 전 세계 토양으로 흘러들어가는 질소 화합물의 양은 2억
t가량이다. 이는 세계 인구로 따지면 한 명당 27kg, 선진국 기준
으로 하면 인구 한 명당 100kg에 해당하는 수치다.[14]

　너무 적다고 생각하는가? 연어로 주제를 바꿔 이것이 나무
들에게 얼마나 축복인지 살펴보도록 하자. 백연어 수놈의 경우
한 마리당 평균 130g의 질소를 함유하고 있다.[15] 유럽인을 기준
으로 할 때 한 사람이 1년에 배출하는 질소량을 연어 수로 환산
하면 대략 750마리 분량이다. 1km²당 230명이 거주한다고 할
때 17만 2,500마리의 연어에 해당하는 수치로, 자연의 순환을
저해할 정도의 양이다. 배기가스, 액체 및 고체 비료도 같은 작

용을 하지만, 무슨 일이 일어나고 있는지 우리 눈에는 보이지 않는다. 우리는 식수의 질산염 수치가 갑자기 높아지고 난 다음에야 변화를 깨닫는다.

하지만 나무는 오래전부터 이러한 변화를 감지해왔다. 산림관도 마찬가지다. 관리하고 있던 나무들이 수십 년 동안 평균보다 더 빠른 성장속도를 보인 것이다. 성장이 빨라진 만큼 나무는 더 많은 목재를 생산했고 이 수량에 맞춰 새로운 기준이 마련되어야 했다. 소위 수확량 기록표, 즉 나무종별로 연도별 성장속도를 기록한 표에 의하면 이미 30%가 상향 조정되어야 했다.

이것이 좋은 징후일까? 유감스럽지만 정반대다. 빨리 성장하지 않으려는 것이 나무의 습성이다. 근래 200년 동안 원시림은 모수母樹, 어미나무의 그늘에서 유년기를 보내야 했다. 유년기의 원시림은 불과 몇 미터 성장하기 위해 고군분투해야 했고 이 과정에서 아주 질긴 목재가 생성되었다.

그러나 현대식 산림 조성에서는 어린 싹이 모수의 그늘에 가려 성장하는 일은 없다. 질소 비료 없이도 쑥쑥 자라기 때문에 나이테 간격이 넓다. 세포도 평균치보다 훨씬 크기 때문에 공기가 유입될 수 있는 공간이 더 많다. 하지만 더 많은 공기가 유입되므로 균류에 감염되기 쉽고, 이 균류들도 숨을 쉬고 살기 위해 발버둥을 친다. 나무가 너무 빨리 자라면 그만큼 부패 속도도 빨라지므로 결국 성장이 멈출 수밖에 없다. 이 과정은 공기를 통해 영양물질이 유입되면서 더 가속화된다. 더 높은 기록을 달성하기 위해 약물을 복용하는 스포츠 선수와 유사한 상황이다.

다행히 질소 함량 증가로 인한 환경오염은 오래 가는 문제가 아니다. 배기가스 배출량을 감소시키는 것에만 성공해도 금세 해결될 수 있다. 토양에는 박테리아 무리들이 살고 있다. 이 박테리아들은 한때는 그토록 필요로 했지만, 지금은 과잉 상태가 되어 해로운 물질이 되어버린 질소 화합물에서 에너지를 얻는다. 박테리아는 분자를 분해하여 일부를 출발 물질*의 상태로 만들어 기체 형태의 질소가 토양에서 빠져나갈 수 있게 한다. 그리하여 질소는 오랜 고향인 대기로 되돌아갈 수 있다. 일부는 빗물을 통해 지하수로 스며들어 우리의 가장 중요한 양식인 수원을 망쳐버린다. 이미 확인한 대로 인간이 생태계에 손을 떼면 뗄수록 원상태로 복귀될 가능성이 높다. 이렇게 하다 보면 머지않아 연어와 곰이 우리 곁으로 돌아올 것이다.

연어와 곰이 하천 주변에서 일으킨 작은 변화는 생태계 전반으로 퍼진다. 자연의 힘이 산맥을 이루고 계곡과 목초지를 형성한다. 자연의 힘은 일종의 분배 장치인 셈이다. 그 대표적인 예가 물이다.

---

* 유기합성에서 처음에 사용한 반응물을 의미함.

모닝커피 잔 속으로
흘러들어온
작은 생물들

지금까지 우리는 생태계와 그 안에서 일어나는
상관관계를 찾기 위해 육지를 대략 둘러보았다.
잠깐, 엄밀하게 따지면 이 말에는 정확하지 않은 부분이 있다.
우리는 땅 위의 생태계만 훑어보았을 뿐이다.
그 아래 세계에는 무엇이 있을까?
지하에도 우리 인간과는 상관없는 완벽한 생태계가 존재한다.

물은 이동하는 물고기를 통해 숲에 영양분을 제공할 뿐만 아니라 그만큼의 영양분을 숲에서 밖으로 실어나른다. 이는 물의 고유한 성질과 중력으로 인해 일어나는 현상이다. 물이 위에서 아래로 흐른다는 건 누구나 아는 사실이다. 생태계 전체는 이처럼 우리가 당연하다고 여기는 과정에 따라 움직인다.

먼저 과거의 생태계부터 살펴보도록 하자. 지구상의 모든 생물은 미네랄, 인 화합물, 질소 화합물과 같은 영양물질을 필요로 한다. 이러한 영양물질이 식물의 성장 강도를 결정하고, 식물의 성장 상태는 모든 동물에게 영향을 끼친다. 이 동물에 인간도 포함된다. 인간이 이러한 순환 과정과 얼마나 긴밀한 관계에 있는지 우리 조상들은 몸소 체험했다.

인간은 나무를 베어 주거할 공간과 건축 자재를 얻었고 사람들은 주인 없는 땅에서 공짜로 농경생활을 시작했다. 처음에는 모든 일이 순조롭게 돌아갔다. 토양 $1km^2$당 수만 톤 이상의 이산화탄소가 부식토의 형태로 저장되어 있었기 때문이다. 부드러운 갈색 흙덩어리인 부식토는 서서히 분해되었다. 나무가 아직 어려 시원한 그늘이 많지 않았고 토양은 충분히 많은 햇빛을

받을 수 있었다. 따라서 토양의 심층부에 사는 박테리아와 균류
가 활발하게 활동할 수 있었다. 박테리아와 균류는 흙 속에서 배
불리 먹고 잔치를 벌이면서 이산화탄소와 더불어 영양물질을
배출했다. 그러다 보니 비료는 과잉 상태가 되었다. 그때까지만
해도 이런 상태를 환영했다. 비료가 넘치면서 수확량이 증가하
고 식량난을 해결할 수 있었다. 좋은 시절은 금세 지나가고 영양
성분이 점점 줄어들면서 경작지는 척박한 땅으로 변해갔다. 아
직 화학비료가 개발되지 않던 시절이었고 가축의 배설물은 땅
에 영양분을 공급할 정도로 충분치 않았다.

　토양은 풀이 자라기에 충분했고, 한 구획은 가축을 기르기
위한 목초지로 사용되었다. 물론 이런 땅에는 아직까지 가축이
먹을 것들이 남아 있었다. 도축되는 가축의 먹이는 목초지가 아
니라 가정에서 공급했기 때문이다. 땅은 갈수록 척박해지고 황
무지가 점점 넓어졌다. 양과 염소는 이곳에서 나는 풀들은 입에
대지도 않았다. 결국 농업 환경이 완전히 파괴되었고 가축에게
먹을 것을 제공하지 못하는 지경에 이르렀다. 요즘 사람들은 이
런 풍경을 낭만적이라고 생각하며 여름에는 목동들이 뛰어다니
는 바홀더하이데 지역을 좋아한다. 그러나 우리 조상들에게 진
달래과 식물인 구석남Erica은 가난의 상징이었다.

　화학비료가 개발되면서 많은 황무지 면적이 다시 농경지
로 사용되기 시작했다. 화학비료를 치면 언제든 원하는 만큼 흙

에 영양성분을 보충해줄 수 있었기 때문이다. 과거에 잘못 관리한 흔적이 남아 있는 지역은 현재 자연보호구역으로 지정하여 보호하고 있다. 자연보호구역은 다른 주제이므로 이쯤에서 접고 넘어가려고 한다. 다만 당시 우리 조상들이 한 행위를 찬찬히 살펴보면 아주 대범한 시도였다는 걸 알 수 있다. 이것이 천연 영양물질 고갈을 가속화시키면서 토양에 영양물질이 사라지면 어떤 일이 벌어지는지 알려주었던 것이다.

나는 화학비료가 없던 시절로 되돌아가길 바라지는 않는다. 화학비료가 없다는 건 우리가 자연의 순환에 완전히 통합되어야 한다는 의미다. 이것이 어떤 의미인지 어린 시절 할아버지께서 설명해주신 적이 있다.

제2차 세계대전 후 할아버지는 직접 텃밭을 가꾸셨다고 한다. 텃밭은 먹고사는 데 필요한 수단이었다. 할아버지는 화학비료가 워낙 귀했던 시절이라 집에서 나오는 배설물을 텃밭의 거름으로 사용하셨다. 이렇게 수확한 상추와 오이가 식탁 위에 올라왔다. 그런데 불청객인 회충까지 식탁을 장식했다. 화장실 변기에서 정원으로 이동한 회충이 자신의 먹이를 쫓아 식탁까지 따라온 것이다. 우리의 입맛을 싹 달아나게 하는 이 재순환 과정을 막을 수는 없는 노릇이다. 어쨌든 이러한 영양물질의 순환은 화학비료와 함께 서서히 끝나게 된다.

주제를 바꿔 물 이야기로 돌아가자. 물은 용매라고도 한다. 모든 중요한 물질은 물에 용해되고 식물은 뿌리로 이 물질들을 빨아들인다. 물론 토양에 있던 영양물질도 함께 빨려 들어가지만, 이 물질들은 식물이 죽고 박테리아와 균류에 의해 주요 성분이 분해되면 토양으로 다시 돌아온다. 단순화시킨 이론에 의하면 그렇다. 일반적으로 습기는 더 깊은 층으로 내려가면서 스며들고, 이 과정은 지하수에 이를 때까지 계속된다. 토양 심층부로 내려갈수록 나무들이 좋아하는 온갖 좋은 물질들이 함께 흡수된다. 이것은 식수가 점점 염소화될 수밖에 없는 이유이기도 하다. 목초지와 들판에는 우리가 상상할 수 없을 정도로 많은 양의 액체비료가 뿌려진다. 액체비료와 함께 박테리아도 여러 단계를 거쳐 물 저장 탱크에 따라 들어온다. 이렇게 하여 우리의 가장 소중한 식량인 물에 박테리아가 침투하는 것이다.

우리가 밟고 있는 땅속 생태계에서 이러한 이동 과정은 특히 중요하다. 땅속에는 무수히 많은 종류의 생물들이 살고 있는데, 이 땅속 생물들은 여러 모로 지상 생물에게 많은 영향을 끼친다.

땅속 생물들로 넘어가기 전에 나는 물의 파괴력을 이야기하고 싶다. 빗물이 숲의 토양에 스며드는 과정은 항상 순탄치만은 않다. 빗물은 지하수로도 흘러들어간다. 폭우가 쏟아지면 토양의 숨구멍이 완전히 차고 넘치면서 천연 수로까지 범람한다.

폭우로 인해 토양이 포화 상태가 되면 혼탁한 흙탕물이 다른 개울까지 흘러 들어가 유기물질이 넘친다. 이것은 날씨가 좋지 않을 때 산책을 하면 쉽게 관찰할 수 있는 광경이다. 이런 과정을 거치다 보면 토양은 점점 잠식되어간다.

하지만 다행히도 자연이 이 과정을 알아서 막아준다. 일단 숲이 있다. 숲은 강수량을 조절한다. 한 차례 비가 쏟아진 후 수관에는 빗물이 흥건하다. 이 많은 물은 서서히 바닥으로 한 방울씩 떨어진다. 그래서 '숲에서는 비가 두 번 온다'는 말이 있는 것이다. 폭우가 쏟아져도 나뭇잎이 브레이크 역할을 해주기 때문에 토양에는 물이 골고루 분배된다. 그래서 대부분의 물은 토양에 완전히 흡수될 수 있다.

나무의 줄기와 고목의 그루터기에는 부드러운 이끼가 자라는데, 이들도 물이 넘치지 않도록 조절하는 역할을 한다. 녹색 쿠션처럼 생긴 이끼는 자기 무게의 몇 배가 넘는 물을 저장할 수 있다. 이끼는 이렇게 저장된 물을 다시 주변에 조금씩 공급해준다. 이 과정에서는 부식이 거의 일어나지 않기 때문에 오래된 숲의 토양은 단단하지 않으면서도 두툼하다. 이때의 토양은 대형 스펀지처럼 많은 양의 물을 흡수하고 저장할 수 있다. 훼손되지 않은 숲이라면 이처럼 빗물 저장 탱크를 직접 만들고 스스로를 보호할 수 있다.

그런데 나무가 없으면 상황은 완전히 달라진다. 폭우가 쏟아질 때 목초지에서 빗물을 흡수하는 동안, 경작지는 거센 물방울 세례를 고스란히 당하고만 있어야 한다. 미세한 알갱이 구조가 파괴되고 진흙이 숨구멍을 막아버린다. 옥수수, 감자, 순무와 같은 농작물이 땅을 덮고 있는 기간은 길지 않다. 나머지 기간에는 악천후에도 무방비 상태로 있을 수밖에 없다. 독일과 같은 위도의 지역에서 자연은 그 무엇도 예측할 수 없다. 이런 상황에서 갑자기 비가 쏟아지면 땅 밑으로 빗물이 바로 흘러들어간다. 그렇게 되면 빗물이 표면에 머무르지 않고 범람하기 시작한다.

여기서 '범람'은 과장된 표현이 아니다. 커다란 번개 구름 하나가 1km²당 3만cm³의 비를 내리게 할 수 있다. 그것도 불과 몇 분 만에 말이다. 그런데 땅 위에 식물이 부족한 탓에 빗물이 정상적인 경로를 따라 흘러가지 않거나 열린 구멍으로 스며들면, 갑자기 급류가 생성되면서 경작지에는 깊은 골이 생긴다. 경사가 가파른 지형일수록 물이 흐르는 속도가 더 빠르고 바닥이 많이 갈라진다. 경사는 2% 정도가 적당한데 처음에는 평평한 상태처럼 보인다. 그런데 이로 인한 손실은 막대하다.

혹시 고고학 유물이 끊임없이 발굴되는 이유를 궁금해한 적이 있는가? 원래 유물은 토양 위에 있거나 풀과 덤불로 뒤덮여 있어야 한다. 그런데 산의 높이는 왜 계속 높아지지 않을까? 산은 대륙판들이 서로 충돌하고, 이 대륙판들이 '사고 현장'에서 솟아올라서 생성된다. 이것은 일정한 높이를 유지하는 독일의 중산산지 Mittelgebirge*에서도 나타났던 과정이다. 지금도 로마 시대 동전이 깊은 토양층에서 발견되는 이유는 침식 현상 때문이다.

육지가 바다보다 높은 위치에 있다는 건 누구나 아는 사실이다. 비구름을 통해 물이 끊임없이 공급되는 것도 이 때문이다. 물은 아래로 흐르고 언젠가는 원래의 자리인 바다에 도달한다. 물이 위에서 아래로 흐르면서 토양도 함께 쓸려간다. 이 과정이 있기 때문에 우리도 모르는 사이 울퉁불퉁했던 산맥들이 매끈하게 다듬어진다. 가파른 지형일수록 물은 빠르게 흐르고 이 과정이 빨리 진행된다. 그런데 지형을 형성하는 데 영향을 끼치는 요인은 일반 장맛비와 졸졸 흐르는 작은 개울물이 아니라 극단적인 이상 기온이다. 주말 내내 물통으로 들이붓는 것처럼 비가 쏟아지고 작은 개울에서 휘몰아치는 급류가 형성되면 산의 지형도 그 영향을 받는다. 물이 거대한 돌을 움직이고 토양에서 많은 것들이 쓸려 내려간다. 물이 범람하면서 물빛은 혼탁한 갈색으로 변한다.

비가 잦아들고 상황이 진정되면, 물이 강둑을 심하게 갉아먹고 지나간 자리에 새로운 지형이 형성된 것을 확인할 수 있다. 하천이 원래의 하상으로 밀려난 후 계곡의 나머지 부분에는

---

* 중산성산지라고도 한다. 산지는 그 생장단계에 따라 구릉지인 저산성산지, 고도 약 1,000m 내외의 중기복 산지형인 중산성산지, 2,000m 정도 이상의 기복을 가지는 고산성산지로 나뉜다.

얇은 진흙층이 퇴적되어 있다. 진흙은 먼지와 물로 구성되어 있고, 작은 덩어리가 된 돌을 살살 문지르면 다시 먼지가 생긴다. 이 과정을 거쳐 계곡에는 암석 덩어리가 생긴다. 갈색 강물이 범람하면서 계곡에 거름이 쌓여 비옥해진다. 대표적인 예가 이집트의 나일강이다. 고대 이집트에서 고도의 문명이 발달한 것은 지형과 관련이 있다. 비옥한 토양의 나일강가에서 농경생활을 했던 이집트인들에게는 식량이 남아돌았고, 먹을 것이 풍족해지자 다른 일에 투자할 시간적 여유도 생겼던 것이다.

이쯤에서 다시 숲 이야기로 돌아가자. 이번에는 나무의 기쁨과 슬픔에 대해 살펴보려고 한다. 나무는 산꼭대기에까지 서식하고 있으며 본래 크기의 몇 배로 성장한다. 영양분이 많고 수 미터 두께의 두꺼운 토양을 좋아한다. 지대가 높을수록 산비탈은 가파르기 때문에 토양은 심하게 침식된다. 그래서 산중턱 윗부분에 서식하는 나무들은 그 아래에 서식하는 나무들보다 키가 작다. 그럼에도 숲은 이러한 자연의 힘에 끈질기게 저항하며 버틸 수 있는 능력이 있다. 넓게 보면 나무들이 붙들고 있는 흙 알갱이 하나까지 중요하다. 토양이 1mm 유실되었다는 것은 1km²당 1,000t의 토양이 유실되었다는 의미다. 실제로 중부 유럽은 해마다 평균 1km²당 200t의 경작지가 사라지고 있다. 쉽게 말해 100년이면 토양이 2cm 유실되는 셈이다.

심한 경우 이 기간에 토양이 50cm 유실될 수 있다. 내가 관리하고 있는 구역에서 이처럼 장기간에 걸친 변화가 숲에 어떤 영향을 끼치는지 실제로 관찰할 수 있었다. 이 지역에는 산중턱이 오래된 너도밤나무 숲으로 덮인 작은 산이 있다. 산중턱이 가파른데도 이곳에는 2m나 되는 두꺼운 토양층이 있다. 그래서 나는 이 문제에 대해 정확하게 알고 있다.

이곳에는 오래된 나무를 보호하기 위해 자연 장지를 설치했다. 일단 자연장*을 하려면 매장 가능성을 조사해야 한다. 80cm 깊이까지 유골함 매장이 가능한지 확인해야 한다. 지질학자에게 조사를 의뢰한 결과, 놀랍게도 이 지역 토양층은 상당히 두꺼운 것으로 확인되었다. 그의 말을 빌리면 "이 숲은 이 지역에 존재한 지 상당히 오래되었다"고 했다. 너도밤나무는 처음 뿌리를 내린 이후, 그러니까 대략 4,000년 전부터 이 자리를 지켜왔던 것이다.

반면 이 산의 다른 편에는 부분적으로 반질반질한 자갈더미가 덮여 있다. 한때는 두꺼운 토양층이었던 지역이지만 토양이 거의 유실되어, 지금은 토양의 두께가 불과 몇 센티미터 정도밖에 되지 않는다. 중세 시대에는 이 지역에서 목축업을 했던 것으로 추측된다. 침식도 측면에서 목초 지대는 경작지보다 상

---

* 화장한 유골의 골분을 나무, 화초, 잔디 주변에 묻는 친환경 장례법.

태가 더 좋지만 지금의 결과는 치명적이다. 지난 수백 년 동안 이곳의 토양 유실 단위는 밀리미터에서 미터로 커져, 토양층이 인근에 위치한 아르무츠바흐로 떠내려갔다.

이제 왜 '가난'과 '개울'을 의미하는 '아르무츠바흐'란 이름이 붙여졌는지 알 것 같다. 토양과 부식토가 없으면 땅의 비옥도가 감소한다. 그 결과는 식량난으로 이어진다. 실제로 이 지역에서 영양실조로 사망한 사람이 1,870명에 달한다고 한다. 결국 식량난으로 인해 쾰른에서 포장마차로 식료품을 실어날라야 했다. 이 과정에서 소작농들은 강도떼에게 습격을 당하는 것이 일상이었다. 미국의 서부 개척 시대 황야와 다를 바 없는 상황이었다. 이 모든 것이 무분별한 벌목으로 인해 토양이 서서히 침식된 결과다.

숲을 과거의 상태로 되돌려놓을 수 있을까? 물론이다. 침식 현상처럼 엄청난 시간차가 존재하지만 우리에게 위안을 주는 소식이 있다. 인간에게 혹사당한 토양이 언젠가 숲으로 뒤덮이고 토양도 거의 유실되지 않는 상황을 생각해보자. 그다음에는 토양층이 다시 회복되기 시작할 것이다.

침식률이 토양이 새로 형성되는 비율보다 낮으면 갈색 금 das braune Gold이 생긴다. 갈색 금의 원천은 광석이고 이런 광석은 오랜 시간에 걸쳐 꾸준히 미세 입자로 풍화되는 과정을 거쳐 형성된다. 독일의 환경을 기준으로 하면, 매년 평균 1km²당

300~1,000t의 돌이 토양으로 변한다. 이 말은 곧, 0.3~1mm 토양층의 두께가 증가하면, 100년에 평균 5cm 정도 토양층이 두꺼워진다는 의미다. 내 관할 구역인 아르무츠바흐 골짜기가 있는 산에는 자갈로 된 산비탈이 있는데, 이 추세로 간다면 대략 1만 년 후에는 벌목과 경작지로 사용하기 이전의 상태로 돌아갈 수 있을 것이다. 마지막 빙하기부터 현재까지만큼의 세월이 흘러야 한다는 의미다.

변화가 너무 천천히 이루어지는 것 같아 당황스러운가? 나무의 성장과정을 생각해보면 자연의 시간 개념을 이해할 수 있다. 스웨덴 중서부 지역 달라르나에는 세계에서 가장 오래된 가문비나무가 있는데, 1만 년이 넘게 그 자리를 지켜왔다. 그러니까 모든 것이 정상으로 돌아오려면 이 나무가 살아온 세월만큼의 긴 시간이 흘러야 한다.

지금까지 우리는 생태계와 그 안에서 일어나는 상관관계를 찾기 위해 육지를 대략 둘러보았다. 잠깐, 엄밀하게 따지면 이 말에는 정확하지 않은 부분이 있다. 우리는 땅 위의 생태계만 훑어보았을 뿐이다. 그 아래 세계에는 무엇이 있을까?

지구는 3차원 형상이다. 우리 발밑의 지하는 층으로 된 구조로 이루어져 있고, 이곳에는 거대한 생활공간이 숨어 있다. 앞에서 내가 말했던 2m 두께의 토양층을 말하는 것이 아니다.

그보다 훨씬 더 아래로 내려가야 한다. 약 1.5km 깊이의 지하까지 내려가면 박테리아, 바이러스, 균류가 발견된다. 여기서 500m 더 내려가면 이런 미생물들이 1m³당 수백만 마리나 된다. 빛도 없이 칠흑같이 어두운 이곳에는 산소가 호흡하는 데 아무 역할도 하지 못한다. 이 미생물들이 섭취하는 영양분은 대개 인간이 이동하는 데 필요한 석유, 가스, 석탄 등으로 구성되어 있다.

이 숨겨진 생태계의 생활에 대해서는 거의 연구된 바가 없다. 이곳에 살고 있다는 생물의 종류는 극히 일부일 뿐이다. 대략 계산한 결과에 의하면 지구에 서식하는 바이오매스biomass*의 10%가 암석층에 있다. 조금만 더 깊은 곳으로 내려가면 기술의 한계로 인간의 영향력이 닿지 않는 곳이다. 지하세계의 규모에 비하면 광산의 규모나 노천 채굴의 깊이도 별것 아니다.

지하에는 또 다른 하부체계가 숨겨져 있다. 우리 인간은 그곳을 잘 알지 못한 채 서투르게 대해왔다. 바로 지하수다. 지하수는 아주 특별한 생활공간이다. 이곳에는 지금까지 한 번도 햇빛이 뚫고 들어온 적도 없고 추위가 찾아온 적도 없다. 깊이에 따라 다소 차이는 있지만 따뜻한 곳도 있고 아주 뜨거운 곳도 있다. 그리고 영양물질은 아주 조금밖에 없다. 지금과 같은 기

---

* 화학적 에너지로 사용 가능한 식물, 동물, 미생물 등의 생물체, 즉 바이오에너지의 에너지원, 생물 연료라고도 한다.

후변화의 시대에 이러한 생태계가 갖고 있는 장점이 있다. 이곳 아래 세계는 아무 변화가 없다는 것이다. 비록 영양물질은 부족할지라도 우리의 발아래 세상은 활기차게 돌아간다. 지구 표면에 가까운 층은 기온이 $10^\circ C$ 미만으로 그다지 따뜻하지 않다. 영양물질이 소량으로 공급되기 때문에 이 생물들의 활동은 느리다. 30~40m 깊이에서는 기온이 $11{\sim}12^\circ C$ 내외이고, 여기에서 더 아래로 내려가면 기온이 100m당 $3^\circ C$씩 올라간다.

기온이 더 높으니까 생물들이 빠르게 움직이며 살고 있을 것이라 생각하면 오산이다. 놀랍게도 이곳에 사는 생물들은 세상에서 가장 동작이 느리다. 바로 이런 특성 때문에 이 녀석들은 번식을 가장 즐기는 생물이 되었다. 그 주인공은 바로 박테리아다. 박테리아에 속하는 생물들은 엄청나게 빠른 속도로 번식을 한다. 예를 들어 인간의 장에 살고 있는 박테리아 종의 상당수가 20분마다 세포분열, 그러니까 두 배로 증가한다.

한편, 땅속으로 더 들어가보면 수십 킬로미터 깊은 층에 사는 생물들은 이러한 시간적 압박에서 벗어나 있는 것처럼 보인다.《슈피겔》에 실린 미국 지구물리학회 American Geophysical Union 학술회의 기사에 의하면, 한 번 분열하는 데 500년이 걸리는 박테리아 종들도 꽤 많다고 한다.[6] 이런 환경에서는 음식물이 상할 수도 없고 박테리아로 인한 질병이 발병할 수도 없다. 정작 숙주인 우리 인간은 이 작은 생물들이 활동을 개시하기도 전에 이미 세상을 떠나고 없다. 이들의 활동 속도가 너무 느리다 보니 숙주가 사라지고 없는 상황이 된 것이다. 지하 깊은 곳은 온도와 압력이 높다. 지금까지 최고 기록을 세운 지하 생물은 120°C 이상의 고온을 이겨내며 건강한 상태로 아직도 분열 중이다. 원래의 느릿한 자기 속도를 지키면서 말이다.

언뜻 보기에 지하세계는 수천 년이 넘도록 변한 것이 거의 없는 듯하다. 정확하게 따지면 이것은 잘못된 표현이다. 지하 속에서도 모든 것은 흘러가고 있다. 비가 세차게 쏟아지면 지구 표면으로부터 지하까지 물이 계속 스며든다. 적어도 독일과 같은 위도 지역에서 이런 일이 일어나고 있다. 매년 지면에서 하늘로 증발하는 수증기보다 하늘에서 지면으로 떨어지는 비의 양이 더 많다. 만일 반대 상황이라면 우리 주변 환경은 다시 황무지로 변할 것이다. 강수량과 증발량 통계를 살펴보면 이렇게 될 가능성이 있는 지역이 많다는 사실이 뚜렷해지고 있다.

독일에서는 해마다 평균 1km²당 481L의 물이 증발한다![7] 실제로 브란덴부르크에는 이 면적에 해당하는 지역에서 더 이상 강수降水가 측정되지 않고 있다. 쉽게 말해 이 지역에 지하수가 충분히 채워지지 않고 있다는 의미다. 기후변화로 인해 증발률이 꾸준히 증가한 결과, 지하의 물 보유량이 점점 줄어들고 있다. 지하의 물 보유량이 필요한 이유는 다른 곳의 강수량을 일정한 수준으로 유지시키기 위해서다.

샘물은 지하수에 상처를 주는 존재다. 우리 인간에게 샘물은 자연의 기적이 솟아나는 것을 보여주지만, 지하세계의 생물들에게는 재앙과 같은 존재다. 암석층 사이에서 샘물이 솟아나와 갑각류와 벌레들이 쓸려 내려가면 햇빛에 직접 노출된다. 갑작스런 환경변화에 이들은 호흡을 가다듬을 새가 없다. 특히 겨울에 이러한 지하수 유출 현상을 알아보기 쉽다. 지하수가 유출되는 장소에서는 물이 얼지 않기 때문이다. 이때 수온은 약 $10°$C 정도로 일정하게 유지된다. 신선한 공기가 유입된 다음에 수온이 떨어지면서 주변의 모든 것이 꽁꽁 얼어붙지만, 영하의 추운 날씨에도 가벼운 움직임을 보이는 개빙 구역offenes Wasser*에서는 순수 심층수가 모습을 드러낸다.

다시 종의 다양성으로 돌아가자. 최근 연구결과는 지하수가 갑각류 및 기타 미생물이 종의 다양성을 유지할 수 있는 서식 공간이라는 사실을 입증하고 있다. 이들은 아무것도 보지 못하는 상태로 어두운 급류를 헤치고 돌아다니다가 식수원으로 흘러들어간다. 그러다가 우리의 모닝커피 잔에까지 상륙한다. 대부분의 상수 처리 시설은 저수조 바닥에 깔린 물까지 펌프로 끌어올린 다음, 구멍을 통해 진공 방수 처리된 공간으로 물을 받아내고 있다.

---

*   영어로 open water. 떠다니는 얼음(浮氷)이 수면의 10분의 1이하로 적거나 거의 없는 구역.

상수 처리 시설에 막대한 비용을 들여 여과 장치까지 설치했는데도 우리가 매일 마시는 커피 속으로 미생물이 따라 들어온다고? 사실이다. 이렇게 철저하게 방수 격벽을 쳐놓았는데도 이 불쾌하기 짝이 없는 녀석들은 최대 폭이 2cm인 수돗물 물줄기를 타고 들어와, 정화 장치 뒤에서 보란 듯이 신나게 살고 있다. 결국 우리가 살고 있는 집의 지하에 매립된 상수관은 지하수층을 연장해놓은 것이나 다름없다. 이곳은 어둡고, 서늘하고, 깨끗하다. 나중에 찬물을 틀어보면 무슨 말인지 이해할 수 있을 것이다. 그리고 원래 상수관의 찬물과 지하수의 온도는 같다. 수도꼭지를 돌리는 순간, 작은 미생물들은 주체를 못하고 물과 함께 휩쓸려 내려간다. 이렇게 먼 길을 돌아 우리가 마시는 커피 잔에 도착한 미생물들은 뱃속으로 들어간다.

그런데 상수도관에는 속에 콸콸 쏟아지는 수돗물만 있는 것이 아니다. 그곳에는 지하수에서 흘러들어온 미생물 외에도 이미 다양한 생물들이 터를 잡고 살고 있으며 박테리아처럼 훨씬 더 작은 생물들도 있다. 이들은 상수도관 안쪽에 잔디처럼 두껍게 층을 이루고 있으며 도관을 완전히 뒤덮고 있다. 우리가 마시는 물 한 모금 속에도 이들의 흔적이 남아 있다.

자세히 살펴보면 볼 수는 있겠지만, 대부분의 불청객은 현미경 없이는 찾아낼 수 없다. 빛이 없으니 눈도 없고, 신체의 색깔도 의미가 없다. 그래서 지하수층에 사는 생물들은 앞을 보지 못하고 투명한 하얀색 몸을 갖고 있는 것이 특징이다. 빛이 부족하면 또 다른 문제가 생긴다. 햇빛이 없으면 광합성을 할 수 없으므로 식물에게 공급할 영양분이 생산되지 않는다. 그래서 지구의 지하 생물들은 지표면에서 제공하는 영양분을 얻어먹고 산다. 식물이나 동물이 부패하여 부식토가 되고 지면에 스며들어 있는 빗물과 섞여 서서히 지하로 내려간다. 이렇게 생성된 것이 바이오매스다.

지하로 내려가는 과정에서 영양물질은 여러 번의 변화를 거친다. 먹이사슬은 지표면과 마찬가지로 이곳에도 존재하기 때문이다. 지하에 서식하는 생물의 대부분은 박테리아로, 곳곳에 정착하여 살면서 층을 이룬다. 이러한 박테리아 잔디는 편모충류*와 섬모충류**와 같은 포식자들에게 잡아먹힌다. 식탐이 많은 포식자들이 있어서 그나마 다행이다. 이들이 없으면 심층부 암석의 숨구멍이 완전히 막혀버릴 것이기 때문이다. 이 조그만 생물들에게도 포식자가 있는데, 바로 태양충***이다.[18] 태양충은 섬모충과 편모충보다 몸집이 살짝 크며 동료인 원생동물을

---

* 원생동물의 하나. 편모라는 가느다란 실모양의 돌기물이 있는 단세포 생물로 한 개 내지 다수의 편모를 가지고 운동이나 포식 행위를 한다.
** 원생동물 중 단세포 생물의 하나. 전신에 섬모라고 하는 털을 갖고 있으며, 이를 사용하여 이동한다. 짚신벌레와 나팔벌레, 종벌레, 테트라하이메나 등이 있다.
*** 지름 0.05mm의 동그란 모양으로 많은 허족(虛足)이 사방으로 나와 있어 태양충이라 불리게 됐다.

먹고산다. 그러니까 지하에도 우리 인간과는 상관없는 완벽한 생태계가 존재한다. 물은 지하 생물과 인간 모두의 삶에 필요하다. 그럼에도 인간은 자신만을 위해 이 모든 것을 펌프로 끌어올리고 있다.

한 가지 더! 우리가 모닝커피를 마시는 순간에도 앞을 보지 못하는 이 작은 생물들이 커피 잔 속에 있다. 우리가 마시는 물에 박테리아가 있어서 불쾌하다면, 이런 그림을 그려 머릿속을 정리해보자. 사실 우리는 이 작은 존재들이 살고 있는 커다란 배와 같다. 우리 몸에는 30조 개 이상의 세포들이 있고, 그 수만큼의 박테리아들이 우리 장 속에 살고 있다.[19] 지금도 우리 몸 곳곳에서 수천 종의 작은 생물들이 활개를 치고 다니고, 이들의 대부분은 우리가 생존하는 데 중요한 존재들이다. 이들은 질병을 예방하거나 우리 몸에서 소화가 잘 되지 않는 영양분들을 소화시키는 데 도움을 준다. 어쨌든 식수를 타고 들어온 작은 생물들이 지금도 우리의 소화기관에서 살아 숨 쉬고 있다. 이 생물들이 건강에 무해한지 확인하는 것이 그렇게도 중요할까?

숲은 지하수에게 아주 중요한 존재다. 이는 산림관에게 보호관리 특별수당을 지급하는 상수관리 기관들이 꽤 많이 생겼다는 것만으로도 확인할 수 있다. 하지만 사실 이런 행위 자체가 모순이다. 나무는 상당히 많은 양의 물을 소비한다. 뜨거운 여름날 성장한 너도밤나무가 갈증을 느꼈을 때, 땅에서 빨아들일 수 있는 물의 양은 약 500L다. 이렇게 빨아들인 물은 다양한 과정을 거쳐 소비되고, 대부분은 나뭇잎의 숨구멍을 통해 증발된다. 이에 비하면 풀은 물 절약 정신이 강하다고 볼 수 있다.

물론 독일 토종 활엽수종 나무들이 갖고 있는 장점이 있다. 이들은 비스듬하게 하늘을 향해 뻗은 나뭇가지를 통해 시원한 물을 끌어모은다. 그리고 이 물은 나무줄기를 따라 아래로 흘러 뿌리까지 닿는다. 나는 언젠가 천둥 번개를 동반한 비가 심하게 쏟아질 때 아주 오래된 너도밤나무 아래에 서 있었던 적이 있다. 그때 너도밤나무가 물을 끌어모으는 모습을 자세히 관찰할 수 있었다. 그 많은 물이 수피樹皮*에서 흘러, 간기稈基** 아래에서 갓 짜낸 맥주처럼 풍성한 거품이 일고 있었다.

이 위치에 도달하자, 물은 숨구멍이 성긴 흙으로 스며들었고, 이 흙이 스펀지처럼 거세게 퍼붓는 폭우도 다 빨아들였다. 빨아들이고 이 물은 서서히 토양층의 아래로 스며든다. 스며든 물이 마르면 나무들은 이 과정을 반복한다. 뿌리 주변의 토양은 물 저장 탱크와 같은 역할을 하고 있는 셈이다. 수분이 마르면 언제든 다시 물을 끌어올 수 있다. 나무가 목을 축이고 남은 물은 토양층에 그대로 있다. 식물의 뿌리는 깊이 박혀 있지 않기

* 줄기의 코르크층 바깥쪽에 있는 조직인 나무의 껍질.

** 나무의 뿌리와 줄기 사이.

때문에 그 이상 물을 위로 끌어올리지 못한다. 이것도 서서히 진행되는 지하수 흐름의 일부가 된다.

중부 유럽에서는 겨울에만 나무에 물을 추가로 공급한다. 식물의 세계에도 겨울잠이 있기 때문이다. 너도밤나무와 참나무들에게도 휴식기가 있다. 별다른 어려움 없이 뿌리를 거쳐 땅속 깊은 곳까지 물이 흐른다. 반면 숲의 입장에서는 여름에 내리는 비로는 수분이 충분치 않다. 한여름에 목이 탄 나무들은 토양의 수분을 정신없이 빨아들여 나뭇가지까지 끌어올리기 때문이다.

이러한 사실은 기후변화와 관련하여 약간 걱정스럽다. 기온이 높아지면서 여러 가지 변수가 생기고 있다. 예전보다 물의 증발 속도가 빨라졌기 때문에 토양은 식물이 물을 빨아들이지 않아도 점점 더 말라가고 있다. 나무도 사람과 같아서 날씨가 더우면 물을 더 많이 마셔야 한다. 게다가 영양 생장기vegetation period가 길어지면서 나무의 휴식기가 짧아지고 있다. 나무들도 이 휴식기에 겨울잠을 자면서 토양에 물을 저장해놓아야 한다. 이런 모든 상황에도 불구하고 앞으로도 숲에는 충분히 많은 지하수가 새롭게 형성될 것이다. 우리가 벌목으로 숲을 심하게 훼손시키지만 않는다면 말이다.

반면 드넓은 초지나 경작지는 물 공급 능력이 떨어지고 있다. 토양이 야생동물이나 사람이 키우는 초식동물들의 발굽에

짓눌려 숨구멍이 막힌 상태다. 그래서 현재 대형 기계로 토양을 갈아엎는 사업을 하고 있으나, 그 효과는 아직 알려지지 않은 상태다. 스펀지 역할을 할 토양이 짓눌려 있는 상태에서 축산 농가에는 달리 도움을 받을 길이 없다. 거센 폭우가 쏟아져도 물을 빨아들일 토양이 없다. 물은 점점 더 빠른 물줄기를 이루며 개울로 흘러간다. 이 개울물이 강의 담수를 거쳐 바다로 사라진다. 지역에 저장되어 있어야 할 지하수가 사라지고, 이 과정으로 인해 침식작용이 가속화된다.

그늘이 없는 목초지와 들판의 공기는 숲보다 훨씬 뜨거워지고, 이로 인해 토양이 더 쉽게 건조해진다. 생명 유지에 필요한 수분이 공기 중에서 사라지고 이동한다. 그 결과 건조화는 더 심해진다.

지하수에 가장 위험한 것은 기후변화가 아니라, 원료를 얻는 과정, 특히 수압파쇄법fracking*이다. 수압파쇄법을 할 때 고압 상태에서 아주 깊은 곳으로부터 물을 끌어올리기 때문에 암석에 균열이 생긴다. 이때 주입한 모래알과 화학물질들이 균열 상태를 계속 유지시킨다. 그러면 이 물질들이 섞인 가스와 석유가 위로 솟구친다. 생태계는 인간의 무례한 개입에 대응할 아무런 준비가 되어 있지 않다. 영원히 같은 상태를 유지하며 지극히

---

* 물, 화학제품, 모래 등을 혼합한 물질을 고압으로 분사해서 바위를 파쇄해 석유와 가스를 분리해내는 공법.

느리게 움직이는 것이 생태계의 속성이다. 현재로서는 이런 무분별한 개발 사업이 많이 행해지지 않길 바랄 뿐이다.

　인간이 자연에 무분별하게 개입하지 않는 것이 숲의 지하수를 보존하기 위한 최선의 방책이다. 나무는 뿌리 아래 수백 미터 깊은 층에 살고 있는 작은 갑각류들의 대모다. 반면 너도밤나무나 참나무는 다른 동물들과 팽팽한 긴장 관계에 있다. 그 대표적인 동물이 노루다. 나무와 노루는 일단 사이좋은 관계는 아니라고 보면 된다. 이 둘에 대한 자세한 이야기는 다음장에서 이어가려고 한다.

초식동물 노루는
고열량을 좋아해

노루들에게 숲은 소위 게으름뱅이들 천지인 곳이다.
몇몇 작은 구역에서 말라빠지고 딱딱한 풀과 약초가 자라고,
나머지 구역의 대부분은 어리고 질긴 너도밤나무만 있다.
숲을 돌아다녀봐야 먹을 것이라곤 나뭇잎밖에 없다.
아무리 좋아하는 음식일지라도 똑같은 음식을 한 달 내내 먹어야 한다면,
며칠만 지나도 질려서 이 음식은 꼴도 보기 싫을 것이다.

노루는 나무와 사이가 좋지 않다. 사실 우리가 생각하는 것과 달리 노루는 숲을 좋아하지 않는다. 그런데 사람들은 숲속에서 노루를 가장 많이 볼 수 있다고 하여 노루를 숲속 동물이라고 생각한다. 노루보다 몸집이 큰 다른 초식동물 포식자와 마찬가지로 노루에게도 문제가 있다. 바로 자신들이 접근할 수 있는 범위의 식생만 이용한다는 것이다. 그리고 이 식물들은 일반적으로 초식동물의 공격에 대비하고 있다. 식물들이 보편적으로 사용하는 방어 무기는 가시와 독침, 독, 두껍고 딱딱한 껍질 등이다.

그런데 이런 것들은 숲속의 나무들이 성장하는 데 도움이 되지 않는다. 그렇다면 어린 나무들은 무방비 상태로 초식동물들에게 뜯기는 고통을 견뎌야 할까? 너도밤나무가 초식동물의 공격을 어떻게 방어하는지 살펴보면 숲속 생태계가 어떻게 돌아가는지 대략 이해할 수 있다. 활엽수 밑을 보면 지루하다 싶을 정도로 텅 비어 있는데, 이것은 활엽수에 속하는 식물의 특징이다. 양치류가 외로이 자라고 있거나 솎아내기를 한 간벌 지역에서 자라는 몇몇 식물만 몇 군데에서 보일 뿐이다. 과거 언젠가 커다란 원시림이 쓰러진 흔적이 있는 듯한 이곳에는, 햇빛이 슬며시 뚫고 들어와 토양을 비추고 있다. 이 정도의 빛은 충분한 양의 당을 생산하기에 어림없는 양이다. 그렇기 때문에 그곳에서 자라는 풀은 노지 식물에 비해 영양물질이 적고 쓴 맛이 나거나 질기다.

숲속 환경의 대부분을 차지하는 나머지 지역은 이보다 훨씬 어둡다. 수관을 뚫고 들어오는 햇빛이 겨우 3%밖에 되지 않기 때문이다. 한마디로 아주 캄캄하다. 직접 나뭇가지 사이를 헤치며 산책을 하다 보면 혹시 그렇지 않다고 생각할지 모르겠지만 말이다. 숲속이 컴컴한 이유는 잎이 우거진 수풀이나 나무그늘과 관련이 있다. 나무는 나뭇잎의 엽록소를 이용하여 빛, 물, 이산화탄소를 당으로 변환시킨다. 엽록소에는 '녹색 구멍'* 이라 불리는 영역이 있는데, 이 파장 영역에서 반사되는 빛 에너지는 사용할 수 없다. 이 파장 영역의 빛은 흡수되지 않고 반사되기 때문에 사람에게는 숲이 더 밝게 보이는 것이다. 식물은 색을 구분하지 못하지만 엽록소를 흡수하는 스펙트럼 영역에 해당하는 파장의 97%가 수관에서 사용된다. 따라서 녹색 식물의 관점에서는 바닥인 토양 부분이 어둡다.

---

* 식물이 광합성을 할 때 파란색과 빨간색의 빛만 흡수하고 초록색은 반사한다. 이것이 엽록소 b의 영역으로, '녹색의 틈', '녹색 구멍'이라고 한다. 또한 이것이 인간의 눈에 식물이 초록색으로 보이는 이유다.

물론 어린 너도밤나무도 같은 상황에 처해 있다. 작고 얇은 나뭇잎 위로 떨어지는 빛이 적기 때문에 최소한의 당만 생성된다. 그래서 나뭇가지와 꽃봉오리에는 영양물질이 거의 없다. 광합성을 할 기회가 적다고 어린 나무들이 굶어죽는 것은 아니다. 모수의 뿌리 성장을 촉진시키기 위해 배양액을 공급한다면, 즉 철저하게 주입한다면 말이다. 하지만 약초와 풀에게까지 배양액이 전달되지는 않기 때문에, 앞서 말했듯 솎아내기를 거친 간벌 지역 이외의 지역에서는 약초와 풀이 자라지 않는다.

노루들에게 숲은 소위 게으름뱅이들 천지인 곳이다. 몇몇 작은 구역에서 말라빠지고 딱딱한 풀과 약초가 자라고, 나머지 구역의 대부분은 어리고 질긴 너도밤나무만 있다. 숲을 돌아다녀봐야 먹을 것이라곤 나뭇잎밖에 없다. 나뭇잎의 맛도 대부분의 동물들은 좋아할 맛이 아니다. 아무리 좋아하는 음식일지라도 똑같은 음식을 한 달 내내 먹어야 한다면, 며칠만 지나도 질려서 이 음식은 꼴도 보기 싫을 것이다. 특히 새끼들을 위해 젖이 나와야 할 때, 노루는 매일 영양가도 별로 없는 똑같은 풀떼기만 먹으니 안 먹는 편이 낫겠다고 생각할 수 있다.

노루 입장에서는 강가와 같은 숲 가장자리가 나을 것이다. 햇볕도 쨍쨍 내리쬐고 토양도 가장 비옥한 이곳에는 약초와 풀이 많아 열량을 충분히 비축할 수 있다. 유감스럽지만 숲이 울창한 유럽은 원래 숲 가장자리 지역이 거의 없다. 그래서 노루 개체수의 밀도가 매우 낮다.

노루들이 재난으로 폐허가 된 지역을 가장 좋아하는 건 당연하다. 여름에 태풍이 몰아치고 삼삼오오 몰려 있던 늙은 너도밤나무들이 쓰러지면 숲에는 '빛의 천국'이 생긴다. 어느새 이곳에는 과거에는 패배자였던 노루들이 몰려와 정착한다. 노루들은 이곳에서 많은 것을 얻을 수 있다. 강렬하게 내리쬐는 햇빛은 광합성 효율이 최대치에 이르렀다는 의미다. 약초류 식물에 달린 잎과 꽃봉오리에는 더 맛있는 탄수화물이 다시 생성된다. 예상치도 못했던 햇빛 세례가 쏟아지면서 어린 너도밤나무의 잎도 달고 맛있어진다. 이곳이야말로 몸집이 작은 사슴과 동물, 노루들이 게으름피우며 놀고먹을 수 있는 천국이다.

노루들은 열량이 높은 음식을 좋아한다. 노루의 식단대로 먹는다고 하면, 패스트푸드와 초콜릿으로만 된 식단에 비타민을 첨가하면 된다. 이렇게 고열량 식단을 좋아하면서도 노루들은 비만을 걱정하지 않는다. 먹고 싶어도 숲에서는 고칼로리 음식을 찾기 힘든 법이다.

몸집이 작은 초식동물인 노루에게는 위험이 닥쳤을 때 도망가는 것은 좋은 방책이 아니다. 노루가 아무리 빨리 도망친다고 해도 늑대는 금방 노루를 따라잡을 수 있다. 노루 입장에서는 늑대가 나타났을 때 차라리 숨는 편이 낫다. 일단 늑대를 만나면 잠시 몸을 피하고 늑대와 정반대 방향으로 도망치면서 오랜 은신처로 돌아가는 것이 좋다. 이렇게 하면 발자국이 뒤섞여 길이 엇갈리기 때문에 추격자인 늑대는 어느 흔적을 쫓아야 할지 혼란에 빠진다.

안전하게 집에 도착한 노루는 작은 나무 사이에 숨는다. 무리를 지어 있으면 쉽게 눈에 띄므로 노루들은 평생 혼자 산다. 노루들이 홀로 지내는 또 다른 이유가 있다. 앞서 설명했듯이 원시림에는 먹을 것이 부족하기 때문이다. 노루들은 주린 배를 채우러 이리저리 돌아다녀야 한다. 주변에는 큰 무리의 노루들을 모두 배불리 먹일 수 있는 먹잇감이 없다. 이 말은 곧 노루들이 서식처에서 멀리 떨어질수록 늑대 무리를 만날 위험이 커진다는 의미다. 따라서 노루들 입장에서 무리를 지어 먹이를 찾기보다는 혼자 지내는 편이 나은 것이다.

암컷 노루는 먹이를 찾는 동안 새끼들만 집에 남겨두고 떠나야 한다. 어미가 집을 떠나고 생후 3~4주 된 새끼들은 혼자서 밖을 돌아다니지 못하므로 아직은 안전하다. 아직 새끼들은 어미를 쫓아갈 정도로 빠르지 않기 때문이다. 어미가 아무런 방해를 받지 않고 먹이를 찾으러 다니려면 암컷과 수컷 새끼^{대개는 쌍둥이다} 모두 집에 남아야 한다. 이 녀석들은 풀이나 덤불 깊숙이 숨어 있다가 적이 다가오면 적에게 발각당하지 않기 위해 바닥에 납작 엎드린다. 노루의 이런 행동을 홀로 남은 외로움 때문이라고 해석하는 견해가 많다. 그래서 사람들이 무방비 상태에 있는 노루들을 집으로 데려가지만, 오히려 노루들은 도중에 배고픔에 시달리다 굶어죽는 경우가 다반사다. 이 녀석들은 어미젖이 아닌 병으로 주는 우유는 마시려 하지 않기 때문이다.

숲속에는 대가족으로 무리를 지어 살지 않고 노루처럼 독립적으로 활동하는 동물들이 많다. 스라소니도 노루처럼 독립적인 삶을 사는 숲속 동물 중 하나다. 스라소니는 때로는 100km²가 넘는 광활한 영역을 홀로 돌아다닌다. 그러다가 교미기에만 잠시 짝짓기 상대를 찾는다.

반면 사슴은 전혀 다른 방식으로 살아간다. 원래 초원에 사는 사슴들은 큰 무리로 다니다가, 짝을 만나 새끼를 낳을 때만 무리에서 떨어져나온다. 모든 암컷은 평온하고 한적한 곳에서 새끼를 낳는다. 포식자가 나타나면 사슴들은 다함께 먼 곳으로 달아나고 주변 환경을 훤히 둘러볼 수 있는 지역을 찾는다. 초원에서 무리를 지어 살던 사슴들의 습성은 숲속 생활을 하는 사슴들에게도 고스란히 남아 있다. 그리고 이제 인간이 사슴들의 옛 습성을 다시 드러내도록 하고 있다. 우리는 숲에 경작지를 만들어 농사를 짓고 정착 생활을 하며 사슴들과 드넓은 벌판을 함께 나누려 하지 않는다.

다시 노루 이야기로 돌아가자. 노루들에게는 차라리 지금이 옛날보다 나을지도 모른다. 햇빛을 가린 시커먼 원시림은 더 이상 존재하지 않기 때문이다. 현재 우리가 일반적으로 숲이라고 하는 환경은 완전히 달라졌다. 인터넷 위성사진처럼 하늘 위에서 숲속 환경을 한번 내려다보자. 숲은 마치 구멍이 숭숭 뚫린 거대한 손뜨개 카펫처럼 생겼다. 생태계의 관점에서 볼 때 숲은 작은 땅덩어리일 뿐이다. 다 합쳐봐야 200km²밖에 안 되는 면적은 늑대 한 무리 정착할 수 없는 공간이다.

하지만 노루 입장에서는 숲이 조각조각 나뉘어 있는 것이 엄청난 이득이다. 숲이 나뉘어 있으면 노루들이 좋아하는 가장자리 지역도 그만큼 많기 때문이다. 천재지변으로 나무들이 쓰러지자 숲의 토양에까지 햇빛이 공급되어 약초와 풀이 무성하게 자랄 수 있었다. 노루들 입장에서는 하늘이 준 선물인 셈이다. 숲 가장자리 환경뿐만이 아니다. 산림경영은 나무를 재배하고 수확하는 것이다. 벌목은 가장 무식하게 원료를 얻는 방법이지만, 초식동물에게는 하늘에서 굴러떨어진 행운이다.

햇빛을 가로막던 수관의 그늘이 제거되면서, 약초와 풀도 자기 영역을 만들어갈 수 있게 되었다. 이 영역에는 거름도 충분히 제공될 것이다. 쨍쨍 내리쬐는 햇볕이 토양을 뜨겁게 달구어, 토양 깊은 곳에서 서식하는 균류와 박테리아가 생길 정도의 온도가 갖춰지고 몇 년 내에 부식토를 전부 먹어치울 것이기 때문이다. 물론 영양물질이 많이 배양된다고 해서, 싹을 틔우고 있는 식물들이 이 영양물질을 모두 수용할 수 있는 건 아니다. 하지만 식물의 성장속도가 빨라지는 건 사실이다. 이렇게 자란

식물은 당과 탄수화물이 더 풍부하다. 노루 입장에서는 맛좋은 먹이가 풍부해진 것이다. 이런 상황이라면 노루들은 굳이 먹이를 찾으러 떠돌아다닐 필요가 없다. 몇 발자국만 발을 떼면 종일 배불리 먹고도 남을 음식이 지천에 깔려 있기 때문이다.

먹을 것이 풍부해지자 노루 같은 초식동물 개체수가 본격적으로 증가한다. 다른 동물들도 마찬가지겠지만 식량이 증가하면 당연히 번식력도 증가한다. 새끼를 한 마리만 낳던 노루들이 두 마리를 낳게 되고, 심지어 세 마리까지 낳는다. 성 대결에서도 암컷이 점점 우위를 차지하게 된다. 최적화 프로세스의 관점에서 경쟁이 치열해지면서 노루 개체수는 다시 한번 증가한다. 노루 입장에서 영역 확보가 달린 문제이므로 마지막 풀 한 포기까지 끈질기게 붙들고 늘어져야 하는 것이다.

특히 1990년 비비안과 비브케, 2007년 키릴 같은 강력한 태풍이 휘몰아친 후 숲은 완전히 뒤엎어졌다. 이런 때 야생동물 개체수가 본격적으로 증가한다. 특히 가문비나무와 인공 조림한 소나무속이나 더글러스 소나무는 풍속이 시속 100km를 넘으면 쓰러지기 시작한다.

나무들의 뿌리는 묘상苗床에서 잘라놓았기 때문에 손상되어 있다. 그런데 이것이 식물을 재배하는 데는 도움이 된다. 사람이 일부러 구멍을 내서 뽑지 않아도 되기 때문이다. 장점도 있지만 물론 단점도 있다. 이렇게 잘려 있는 새싹은 온전한 뿌리

체계를 갖춘 식물로 자랄 수 없다. 이런 상황에서는 태풍에도 끄떡없는 단단한 토양이 형성되는 것은 불가능에 가깝다.

앞서 언급한 침엽수 종의 나무들은 겨울에도 나뭇가지에 뾰족한 잎이 달려 있다. 이 잎들이 거센 바람을 막아줄 수 있는 공간을 제공한다. 이것이 너도밤나무나 참나무와 같은 활엽수와 다른 점이다. 침엽수는 가을에 나뭇잎이 떨어지고 난 후에도 숲에서 공기의 저항을 덜 받는 유선형으로 서 있어서 웬만한 바람에는 쓰러지지 않는다. 침엽수로 된 방풍림 조성이 노루들에게 간접적 이익을 주고 있는 셈이다.

예전에는 산림경영 차원에서 윤벌기*에 이른 나무들에 대해 계획적 벌목을 실시했다. 그리고 숲은 어김없이 태풍의 피해를 입었다. 그리고 이로 인해 오래된 나무들이 있던 자리는 단숨에 완벽한 경작지로 변신했다. 이것은 나무줄기만 솎아내는 간벌보다 더 저렴한 비용으로 경작지를 얻을 수 있는 방법이기도 했다. 물론 경작지가 1ha 이상인 중부 유럽에서는 이런 방법으로 벌목을 하지 않은 지 오래다.

이것은 노루에게 불행일까? 결코 아니다. 간벌은 토양의 식생에도 이롭다. 정기적으로 나무들 사이에 틈을 만들어주면 우수한 품질의 표본이 성장할 수 있는 공간이 생기기 때문이다.

---

* 전체 산림을 벌채 계획에 따라 차례대로 모두 벌채한 후 다시 조성된 산림을 벌채하기까지의 기간.

이렇게 꾸준히 숲의 임목 밀도를 조절함으로써 벌목으로 인한 피해를 줄일 수 있다. 원시림과 달리 경제림*에는 바이오매스의 50%가량이 나무의 형태로 존재한다. 나무의 밀도 조절로 토양에 더 많은 햇빛이 도달하기 때문에 넓은 면적에 걸쳐 약초, 풀, 덤불이 자리 잡고 있다. 동시에 토양 아래 공간으로 갈수록 온도는 약 3°C 더 높아진다. 물론 깔끔하고 완벽하게 조성된 경제림의 임지는 벌목 후의 숲처럼 노루들에게 다양한 먹을거리를 제공해주지는 못한다.

임지의 약 98%를 계획적으로 관리하는 독일에서는 엄청난 양의 먹이를 동물에게 제공하고 있다. 게다가 사냥꾼들도 톤 단위의 먹이를 실어나르며 사냥감이 될 동물들을 돌보고 있다. 그 결과 독일의 숲에서 서식하는 노루 개체수는 급증했다. 인간이 숲을 관리하기 전보다 최대 50배 이상의 노루들이 현재 독일의 숲속을 돌아다니고 있다.

숲속 환경의 어떤 부분이 어떻게 변했는지 직접 확인할 수 있는 방법이 있다. 현재 독일과 같은 위도 지역에 있는 자연 상태의 숲에는 아주 작은 공간에 서식하고 있는 경우를 제외하면 약초, 풀, 덤불이 거의 자라지 않는다. 이러한 식물들이 넓은 공간을 차지하면서 무성하게 자랄 수 있는 이유는, 인공 조림으로

---

*   산림의 경제적 가치 생산을 목적으로 경영하여 직접 그 생산물을 이용하는 산림.

인해 이 지역 생태계에 문제가 생겼기 때문이다. 물론 이것은 노루 입장에서는 기쁜 소식이다.

하지만 이 상황을 기뻐할 수 없는 식물들이 많다. 이런 식물들은 사람과 노루가 모두 좋아하는 음식이기 때문이다. 너도밤나무, 참나무, 체리를 비롯한 활엽수뿐만 아니라 지금은 희귀해진 유럽 전나무의 묘목들이 가장 대표적이다. 키가 수 미터에 달하고 붉은 보라색의 화려한 꽃을 피우는 다년생식물 분홍바늘꽃이나 수수한 라즈베리도 인기가 많다. 맛있는 음식을 실컷 먹으니 노루 개체수가 증가하고, 노루들이 다 먹어치워버리니 이 식물들이 사라지는 건 당연하다. 대신 블랙베리, 엉겅퀴, 쐐기풀과 같은 자기방어 식물이 퍼진다.

독일의 토종 원시림에는 원래 몸집이 큰 초식동물이 서식하지 않는다. 그 이유는 아주 쉽게 유추할 수 있다. 원시림은 굶주린 포유동물들에 대한 방어 무기를 발달시키지 못했기 때문이다. 가시, 나뭇잎의 독성, 나뭇가지를 이용한 녹채鹿砦** 같은 것이 없다. 너도밤나무와 참나무의 햇가지는 동물들에게 뜯어먹히기 딱 좋게 무방비 상태로 있다. 원시림이 자신을 보호하는 유일한 수단은, 토양 위로 떨어지는 어스름과 앞에서 잠깐 언급

** 　나뭇가지나 나무토막을 사슴뿔처럼 얼기설기 놓거나 막아서 적을 막는 장애물.

했던 것처럼 식물이 거의 자라지 않는 환경이다. 이것은 비오톱 Biotop*으로서 숲의 매력을 떨어뜨리는 요소이기도 하다.

원시림은 이렇게 허술한 방어 수단만으로도 충분히 유지될 수 있다. 조건이 있다면 노루와 같은 초식동물의 개체수가 적어야 한다는 것이다. 소목 솟과의 멸종된 포유류인 오로크스나 유라시아에 살던 야생마로 말의 조상 격인 타르판처럼 몸집이 큰 동물 무리들이 굶주린 상태로 달려들어도 원시림은 아무런 저항도 하지 못한다. 아마 이들은 나무껍질을 쉽게 뜯어먹을 것이다. 나무줄기와 수관이 죽으면 초원에는 공간과 빛이 제공되고, 초식동물들이 이 자리에서 자란 식물을 먹으며 영양분을 보충하는 사이 숲은 사라질 것이다. 중부 유럽에서 이런 과정은 이미 다 끝났다. 나는 이런 측면에서 우리가 지속적으로 심각하게 받아들여야 할 위협은 없다는 확실한 증거도 제시할 수 있다. 그렇지 않다면 숲은 이와는 정반대의 방향으로 진화했을 것이다.

반면 초원 지대 식물의 사정은 전혀 다른 듯하다. 풀로 뒤덮인 넓게 펼쳐진 공간에서 서식하는 야생말, 야생소, 노루들에게 덤불과 나무의 새싹은 맛있는 군것질거리다. 초원 지대 주변에서 자라는 나무종은 침입자가 나타나면 거칠게 방어한다. 대

---

* 특정한 식물과 동물이 하나의 생활공동체를 이루어 지표상에서 다른 곳과 명확히 구별되는 서식지. 좁은 의미로는 도시개발과정에서 최소한의 자연 생태계를 유지할 수 있는 생물군집 서식지의 공간적 경계를 말한다.

초식동물 노루는 고열량을 좋아해

표적인 식물이 장미목 장밋과의 낙엽 교목인 블랙손*prunus spinosa*
이다. 심지어 죽은 지 몇 년이 지난 블랙손 표본에도 톱니바퀴
같은 가시가 남아 있다. 이 가시가 얼마나 날카로운지 피부에
살짝 스치기만 해도 찔리고, 고무장화와 자동차 타이어에 구멍
을 낼 정도다. 블랙손처럼 장밋과 식물인 꽃사과 *Malus sylvestris*도
비슷한 방어 무기를 갖고 있다. 이 정도면 대략 '장미 = 가시 =
초원 지대'라는 공식이 성립한다고 할 수 있다.

날카로운 방어 무기가 없는 식물은 독을 내뿜는다. 디지탈
리스 *Digitalis*, 금작화 *Genista*, 솜방망이 *Senecio jacobaea*, 구설초 같은 식물에
는 독성이 있다. 그중 솜방망이는 시간이 갈수록 독성이 강해지
므로 가장 위험하다. 처음에는 경미한 간 손상만 나타나지만 이
식물을 과잉 섭취한 동물은 사망한다. 물론 이 종에 속하는 식
물이 모두 그런 것은 아니다.

한편 고운 노란색 꽃을 피우는 다년생식물을 먹어치우면서
자신의 생명을 보호하는 나비들도 있다. 진홍나방과 같은 나비
들이다. 진홍나방의 애벌레들은 관목의 나뭇잎을 좋아한다. 이
녀석들은 종일 나뭇잎을 뜯으며 칼로리를 보충할 뿐만 아니라
독성을 만든다. 물론 이렇게 만든 독성은 애벌레들에게는 전혀
유해하지 않다. 하지만 애벌레를 좋아하는 천적들의 사정은 다
르다. 맛좋은 밥상이 제사상이 되고 만다. 독성을 알리는 표시
로 관목에는 검은색과 노란색 고리 무늬가 있다. 말벌이나 도롱

농 같은 동물의 예에서 알 수 있듯이 이 색은 동물의 세계에서 보편적으로 통용되는 경고색이다.

이런 위험천만한 환경에서 식물은 동물에게 먹히지 않기 위해 필사적으로 노력한다. 이런 맥락에서 보면 활엽수들의 세계는 매우 평화로운 것처럼 보인다. 오랫동안 사람들은 활엽수는 적이 자신을 공격하든 말든 무기력하게 있는 식물이라고 생각해왔다. 그런데 최근 연구결과에 의하면 활엽수도 어느 정도는 방어를 한다고 한다.

독일 라이프치히대학교와 독일의 중앙통합생물다양성연구소iDiv 연구팀은 어린 너도밤나무와 단풍나무가 공격을 받는 상황에 대한 시뮬레이션 연구를 실시했다. 노루가 어린 나무들의 가지에 달린 새싹을 뜯어먹으면, 뜯긴 자리에는 노루의 타액이 남는다. 숲과 동일한 환경을 만들기 위해 표본에 이 타액을 떨어뜨렸다. 연구팀이 피펫을 이용해 나무의 단면에 노루의 타액을 떨어뜨리자, 어린 나무가 노루의 타액에 대한 반응으로 살리실산을 생성시켰다. 맛이 좋지 않은 살리실산을 다량으로 분비하여 노루를 쫓아내는 방어 무기를 만들었던 것이다. 반면 연구팀이 노루의 타액을 떨어뜨리지 않고 새싹을 뜯었다. 이번에는 너도밤나무와 단풍나무가 상처를 최대한 빨리 치유할 수 있는 상처 호르몬만 생성시켰다.[20] 게다가 이 나무들은 다른 포유동물에 대해서도 같은 반응을 보이는 것으로 확인됐다.

그런데 개체수 밀도가 일정한 수준을 넘으면 이 메커니즘은 더 이상 작동하지 않는다. 노루들은 주변에 있는 식물을 정신없이 먹어치우는 바람에 먹을 것이 떨어지면, 맛이 없어 입에 대지도 않던 너도밤나무의 새싹까지도 싹쓸이한다. 속이 상한 산림 소유자들은 노루를 쫓아내기 위해 꽃봉오리에 쓴 맛이 나는 물질을 발라가며 어린 활엽수를 살리는 데 나선다. 처음 산림관으로 일할 때 나도 야생동물 개체수를 줄이기 위해 이런 일을 했었다. 하지만 소용없는 일이었다. 노루들의 식욕이 얼마나 왕성한지 꽃봉오리에 발린 흰색 물질까지 먹어버렸다.

노루들이 식물을 다 뜯어먹는 바람에 숲속의 토양은 텅 비고 원시림은 노쇠해졌다. 중부 유럽의 많은 지역에서 이런 문제가 발생하고 있으며 아직까지 야생식물 개체수 급증에 대한 산림보호 대책이 마련되어 있지 않은 상태다.

이런 상황을 어떻게 해결해야 할까? 숲에 더 많은 나무를 남기면, 즉 산림관리 차원의 벌목을 중단하면 된다. 나무가 많아지면 숲은 더 어두워진다. 빛을 차단하여 너도밤나무와 참나무에게 원래의 서식 환경을 제공하는 전략이다. 사냥꾼들이 자신들의 사냥감을 관리하기 위해 겨울에 먹이를 주지 않는다면 숲의 상황은 현저히 개선될 것이다. 늑대가 다시 나타나면서 독일의 야생 환경도 옐로스톤공원의 늑대 복원 사업과 같은 효과를 얻을 수 있을 것이다.

하지만 인간이 자연에 개입하기 시작하면 오랫동안 존재해온 자연의 시계 장치는 더 이상 작동하지 않을 것이다. 앞에서 잠시 다뤘지만 숲은 뜨개질한 카펫처럼 생겼다. 경작지, 들판, 작은 삼림 지대로 구분되어 있고 이 환경을 아무도 제거할 수 없고 제거하려 하지 않을 것이다. 나 또한 마찬가지다. 원시 환경으로 만들면 나 역시 아침마다 주린 배를 움켜쥐게 될 것이다. 당연히 나는 매일 아침 맛있는 빵을 먹고 싶다. 우리가 먹고 살기 위해서는 밀밭도 필요하다.

인간을 위해 바꾼 자연 환경이 노루에게만 도움이 되는 건 아니다. 우리의 주변 환경에 큰 영향을 끼치는 갈색 동물들이 있다. 미리 힌트를 주자면, 이 친구들은 몸집은 콩알만 하지만 생활력이 아주 강하고 물망초를 싫어한다. 다음 장에서 그 친구들을 만나보자.

숲의 경찰관이자
은밀한 정복자,
개미

개미는 숲의 지배자다. 자발적인 행위가 아니기는 하지만
희귀종 조류 보존에도 도움을 준다.
이 정도면 불개미가 '유용한' 동물의
카테고리에 들어갈 이유가 충분하지 않은가?
그런데 다시 한 번 개미의 세계를 관찰하면 조금씩 의심이 생긴다.
정말로 개미는 보호할 만한 가치가 있는 생물일까?

　　독일의 정원에는 여름 내내 물망초 관목이 꽃을 피운다. 푸른색의 푹신푹신한 방석처럼 생긴 물망초는 정원 구석구석을 장식하고 있으며 독일 가정집의 화단에서 언제나 한 자리를 차지하고 있다. 물망초 꽃은 너무 아름다워서 대부분은 꺾지 않고 화단을 지키도록 놔둔다. 물망초는 항상 그 자리를 지키고 있으며 화단에 사는 개미와 성공적인 동맹관계를 맺고 있다.

　　개미가 꽃을 좋아한다고 볼 수는 없다. 겉으로 보이는 모습 때문만은 아니다. 개미들은 배가 고프면 풀에게 접근하는데, 씨앗을 만들고 있을 때의 풀을 특히 좋아한다. 씨앗은 개미들이 군침을 흘리게 생겼다. 씨앗의 바깥 부분에는 작은 빵부스러기처럼 생긴 종침*elaiosome*이 붙어 있다. 개미는 이 종침을 매우 좋아하는데 씨앗은 스낵이나 초콜릿처럼 지방과 당이 풍부하다. 지하세계에는 열량이 높은 식량을 목 빠지게 기다리고 있는 개미 종족들이 살고 있으며 개미들은 종족을 위해 열심히 식량을 실어나른다.

　　개미들은 맛있는 부분만 먹고 다른 부분은 남긴다. 일개미들은 이 쓰레기를 주변의 다른 곳으로 옮겨 처리한다. 쓰레기

처리장은 개미들의 집에서 최대 70m 떨어져 있을 때도 있다. 이렇게 뿌려진 씨앗은 싹을 틔우고 뿌리를 내린다. 물망초 말고도 야생딸기와 제비꽃도 개미의 '운반 서비스' 덕을 본다. 개미가 자연의 정원사 역할을 하고 있는 셈이다.

숲과 들판에는 거대한 무리의 개미들이 땀 흘리며 일하고 있다. 개미의 활동량은 인간의 활동량에 버금갈 정도로 많다. 지금까지 발견된 개미의 종은 약 1만 종에 달한다. 독일 주간지 《디 차이트 Die Zeit》에서 이를 기준으로 개미의 총 무게를 계산했더니 전 세계 인구의 몸무게 총합과 비슷했다.[21]

황개미 Lasius flavus는 작은 개미의 대표적인 종류인 반면, 불개미 Formica의 몸집과 개미집은 대부분 크다. 지금까지 내 관할 구역에서 발견된 개미집 중 가장 큰 것은 직경이 5m나 되었다. 한편 숲에서 가장 많이 볼 수 있는 것은 홍개미 Formica rufa다. 나도 어린 시절 가족과 함께 산책을 하다가 홍개미를 처음 만났다. 길가에 곤충들의 왕국처럼 생긴 커다란 더미가 있었는데 개미들은 같은 의식을 계속 반복하고 있었다. 어머니가 이 구조물 옆에 가시더니 이것을 손바닥으로 톡톡 쳤다. 그리고 우리한테 손바닥 냄새를 맡아보라고 하셨다. 이내 코를 찌르는 듯한 시큼한 냄새가 났다. 개미가 어머니를 공격자라 생각하고 방어하기 위해 배의 앞부분에서 개미산을 쏜 것이었다. 우리는 이렇게 재미난 구경을 하다가 깡충깡충 뛰며 몸을 털었다. 용감한 개미들이 신발을 타고 올라와 물지 않을까 걱정됐기 때문이었다.

불개미 역시 공격을 당할 것에 대비해 철저히 무장하고 있다. 이 점에서 벌과 유사한 점이 많다. 불개미와 벌은 종족 구성도 매우 비슷하다. 다만 여러 마리의 여왕을 둘 수 있다는 점에서 차이가 있다. 불개미들은 같은 종족끼리는 아주 사이좋게 지내지만 벌들은 그렇지 않다. 가을이면 벌들의 종족 전쟁이 벌어진다. 열등한 종족은 가차 없이 죽임을 당하고 모든 것을 빼앗긴다. 개미들은 벌보다 평화로운 삶을 살지만 같은 개미들 사이에서만 그렇다. 개미는 다른 종의 곤충들을 좋아한다. 순전히 먹는 재미 때문이다.

나무좀과 유충은 개미가 즐겨 실어나르는 곤충이다. 개미들은 유충을 일단 집으로 옮겨놓고 식사를 한다. 개미들의 식욕은 워낙 왕성해서 여름에는 개미집으로부터 반경 50m 거리에서는 나무좀을 볼 수 없다. 개미들의 밥상에 오르느라 모조리 희생당했기 때문이다.

스프루스 가문비나무를 키울 때의 골칫덩어리는 가문비나무좀들이다. 넓은 땅에 한 종류의 소나무만 심어놓으면 솔나방 *Dendrolimus pini*이나 소나무밤나비 *Panolis flammea*와 같은 나비종이 떼로 몰려든다. 문제는 나비의 유충들이 나무를 갉아먹어 숲이 초토화된다는 것이다. 그런데 개미집 주변만은 예외다. 이곳 개미

군락의 활동 영역에는 바다 한가운데 외로이 떠 있는 섬처럼 나무줄기로 된 녹색 섬이 있다. 이 녹색 섬은 개미를 '숲속의 경찰'이라고 부르는 것과 관계가 있다. 개미들은 산림관과 숲 소유자들로부터 조력자로 인정받아 철저한 보호를 받고 있다. 개미들은 악명 높은 해충들을 전부 잡아먹을 뿐만 아니라 사체들까지 처리한다. '은밀한 정복자'라는 제목에서 이미 암시했듯이 개미는 숲의 지배자다.

게다가 자발적인 행위가 아니기는 하지만 희귀종 조류 보존에도 도움을 준다. 딱따구리, 몸집이 까마귀만 한 까막딱따구리, 검은 뇌조, 큰 뇌조는 개미집에 붙어 있는 유충과 번데기를 좋아한다. 이 정도면 불개미가 '유용한' 동물의 카테고리에 들어갈 이유가 충분하지 않은가?

그런데 다시 한 번 개미의 세계를 관찰하면 조금씩 의심이 생긴다. 정말로 개미는 보호할 만한 가치가 있는 생물일까? 여기서 확실하게 정리하고 넘어갈 부분이 있다. 이미 입증된 측면으로만 보면 개미는 희귀종이든 일반종이든 보호받을 만한 가치가 있는 생물이다. 숲에 실질적으로 도움이 된다는 면에서는 개미의 공로를 인정한다. 그런데 독일과 같은 위도의 지역에서는 이 타이틀을 얻기에는 다소 부족한 부분이 있다.

불개미는 무분별하게 조성된 침엽수림 지역에서만 친근한 동물이다. 원래 활엽수림 지대였던 독일에서 개미는 흔히 볼 수 있는 생물이 아니었다. 개미가 나무로 집을 짓는 모습을 본 적이 있는가? 이른 봄 개미가 일을 시작하려면 햇빛이 많아야 한다. 개미들은 개미집 밖으로 나와 햇볕을 쬐면서 몸을 덥힌 다음, 집안으로 들어와 몸의 온기를 남긴다. 그런데 활엽수림인 너도밤나무 숲에서는 토양에 햇볕이 내리쬘 수 없다. 하지만 개미는 반드시 햇빛을 받으며 살아야 한다.

생물군집 서식 공간인 비오톱에서 불개미가 정말로 나무에 긍정적인 영향을 끼치는지 의문이다. 개미가 나무를 공격하는 나무좀을 먹어치우는 것은 침엽수림 입장에서는 반가운 일이다. 하지만 개미의 먹이 스펙트럼에는 수피 말고 달콤한 것도 들어 있다. 숲에 가면 꼭 만나는 곤충인 진딧물이다. 진딧물은 침엽수 잎과 수피의 즙을 빨아먹고 산다. 대롱처럼 생긴 주둥이를 나무에 딱 붙이고 구멍을 낸 다음 즙을 쪽쪽 빨아낸다. 광합성을 한 후 '나무의 혈액'에는 당분이 많아지기 때문에 진딧물이 이 좋은 것을 놓칠 리가 없다. 광합성 전보다 '나무의 혈액'에 포함된 단백질 함량도 높아진다. 그래서 진딧물은 맛 좋고 귀한 '나무의 혈액'인 나무즙을 쉴 새 없이 빨아들여 몸속을 채우는 것이다.

진딧물이나 사람이나 많이 먹을수록 배설물도 많아지는 법이다. 여름에 나무 아래 주차해본 경험이 있는 사람들은 무슨 말인지 이해가 갈 것이다. 몇 시간만 지나면 차창에는 끈적끈적한 액체 방울이 묻어 있다. 진딧물은 쉴 새 없이 군것질을 하기 때문에 좀 더 시간이 지나면 차 뒷부분 전체가 끈적끈적한 설탕 같은 것으로 뒤범벅이 된다. 몇몇 종들은 자신들의 배설물에 밀랍 성분을 덧씌워 떨어뜨리기도 하고 불개미의 도움을 받기도 한다.

꿀벌과 습성이 비슷한 개미들은 주로 설탕으로 영양분을 보충하기 때문에 단것이라면 사족을 못 쓴다. 한 무리의 개미가 한 철에 먹어치우는 단물의 양은 200L다. 개미들은 단물 한 방울로 칼로리 소비량의 약 3분의 2를 충당한다. 한편 개미와 같은 공간에 평균 100만 마리 정도의 곤충이 돌아다니고 있으며 이 중에서 많은 곤충들이 개미의 뱃속으로 들어간다. 열량 단위로 환산하면 총 28kcal, 총칼로리 소비량의 약 3분의 1에 해당한다. 이외에 나머지는 나무즙과 균사로 충당한다.[22]

이들 불개미와 진딧물이 힘을 합치면 '숲의 경찰관'이라는 명성에 금이 간다. 진딧물은 다양한 방법으로 나무에 피해를 입힌다. 처음에 진딧물은 너도밤나무, 참나무, 가문비나무에게 꼭 필요한 에너지를 뺏어간다. 그리고 침으로 나무에 상처를 입히고 수분을 뺏어가기 때문에 나무의 조직이 심하게 손상된다. 겨우 2mm가량의 길이에 작고 빨간 눈이 달린 가문비나무 진딧물은 온갖 종류의 가문비나무 잎의 수분을 빨아먹는다. 가문비나무 진딧물에게 수분을 뺏긴 침엽수 잎은 노랗게 변하다 갈색이 되어 결국 떨어진다. 진딧물에게 당한 나무들의 가지에는 1년생 어린 잎만 남아 행색이 초라하기 그지없다. 나뭇잎이 다 떨어지고 없으니 광합성을 할 기회가 급격히 줄어들면서 성장이 지연된다.

이때 엎친 데 덮친 격으로 나무의 생명을 위협할 수 있는 또 하나의 병원체가 등장한다. 너도밤나무의 수피에 너도밤나무 깍지벌레beech scale들이 붙어 나무즙을 빨아먹기 시작하는 것이다. 이 작은 벌레는 몸에는 벨벳처럼 부드러운 밀랍으로 된 털이 붙어 있는데 수가 많지 않으면 위험하지 않다. 이들의 침에 찔린 나무의 작은 상처는 쉽게 회복된다. 하지만 깍지벌레들이 대량으로 번식하는 순간 상황은 달라진다. 깍지벌레들은 수컷 없이 번식하는데, 같은 종에서 수컷 없이 번식하는 경우는 이 녀석들이 유일하다. 암컷이 수정되지 않은 상태의 알을 낳으면 여기에서 유충이 슬금슬금 기어나온다.

바람이 불면 유충들은 다른 너도밤나무로 날려가고 이 나무에 붙어 바로 즙을 빨아먹기 시작한다. 수피가 갈라진 틈에 하얀색의 얇은 막이 곰팡이처럼 끼고 깍지벌레 군락이 형성되면 저항력을 잃고 탈진하는 나무들이 속출한다. 깍지 진디의 긴 주둥이가 나무에 착 달라붙으면 습한 상처가 생기는데 이 상처는 치료가 잘 되지 않는다. 여기에서 나무즙이 흘러나오고 균류들이 정착하여 살고 있다. 깍지 진디가 나무줄기로 파고들면 너도밤나무는 말라죽는다. 죽지 않고 살아남는 나무들도 있지만 수피에 생긴 상처는 평생 남는다.

진딧물이 번식하면 나무는 생명력을 잃고 질병에 감염된다. 나무에게 진딧물은 결코 반가운 존재가 아니다. 이때 '숲속의 경찰'이 개입한다. 이들은 이 녹색 해충을 신나게 먹어치우면서 단백질을 보충한다. 사실 개미 입장에서는 '젖소'인 진딧물을 잡아먹는 것보다는 키우는 것이 훨씬 더 이익이다. '젖소'를 키우면 단물 200L는 쉽게 생산할 수 있다. 푸른 초원에서 소를 키우듯 언덕 위 나무에서 진딧물을 키우는 셈이다. 그래서 숲속의 경찰 개미는 진딧물 무리를 천적들로부터 보호해준다. 두 배의 이익을 챙길 수 있는 기회이기 때문이다. 무당벌레 유충들은 자신들이 좋아하는 진딧물을 먹고, 개미는 무당벌레 유충들을 잡아먹으면서 기분도 내고 영양도 보충한다.

진딧물들도 자유롭게 살고 싶은 마음이 있다. 그래서 개미의 보호를 받는 진딧물들의 기분이 항상 좋은 것은 아니다. 진딧물들은 이동하고 싶은 마음이 생기면, 다른 들판으로 이동하기 위해 날개를 만든다. 보호자인 개미들에게 이 모습을 들키지 않을 리 없다. 개미들은 투명한 날개를 재빨리 물어뜯으며 날아보겠다는 진딧물의 꿈을 꺾어버린다. 그리고 이것으로 충분하지 않다고 생각이 들면 '가축처럼 키우고 있는' 진딧물들의 도주를 막기 위해 화학물질을 동원하여 진딧물들을 꼼짝 못하게 만든다. 이를 위해 개미들은 특수한 물질을 배출한다. 이 물질은 진딧물들의 날개 성장을 더디게 한다. 좀 더 확실히 하기 위해 이 물질을 추가로 더 배출하면 날개 성장이 완전히 멈춘다.

임페리얼 칼리지 런던Imperial College London 연구팀은 진딧물이 개미들이 돌아다니던 영역을 다닐 때 행동이 급격히 느려진다는 사실을 확인했다. 나뭇잎과 침엽수 잎에 남아 있던 신호 전달 물질이 진딧물이 느리게 움직이도록 조종하고 있었던 것이다.[23] 언뜻 보기에는 아름다운 공생관계지만, 이것이 완전히 자발적으로 이뤄지는 것은 아니다.

개미의 보살핌이 진딧물에게 이익이라는 견해에 대해 반박하는 사람들이 있을지 모른다. 하지만 개미가 무당벌레나 꽃등에과 유충의 공격으로부터 진딧물을 완벽하게 보호해주는 것은 사실이다. 개미 입장에서는 열심히 돌본 젖소의 젖을 짜먹는 것이니 이러한 수고에도 손해볼 것은 없다. 사실 단물은 진딧물의 배설물이고 개미는 이 배설물을 깨끗하게 처리까지 해준다.

진딧물도 같은 입장이다. 다만 그들은 지금까지 살아왔던 환경에서 충분한 당분을 섭취할 수 없다면 단물을 더 많이 빨아먹을 수 있는 나무를 찾고 싶다. 새로운 서식지로 이동하려는데 개미들이 보호자랍시고 나타나서 진딧물들의 갈 길을 막는다. 개미는 이제 진딧물 사육장의 간수로 돌변한다. 나무는 개미들의 '가축'인 진딧물 사육장인 셈이다. 나무에는 비정상적으로 많은 진딧물들이 우글거린다. 이런 상황에서 개미를 숲속의 경찰이라고 할 수 있을까? 개미가 군락 주변의 나무를 혹사시켜 당을 챙겨가는 통에 나무가 병약해진다면 개미가 산림경영에 도움이 된다고 할 수 있을까?

그런데 이 질문에 대해서는 명쾌한 답을 줄 수 없다. 나는 이 장의 앞부분에서 나무좀이 침엽수림을 습격한 후 '녹색 섬'만 덩그러니 남는다고 표현했다. 이렇게 구사일생으로 살아남은 가문비나무에게는 진딧물 개체수가 많고 적고는 상관이 없다. 어쨌든 나무들에게는 멸종보다는 생존이 낫기 때문이다. 바로 여기에 다양한 종의 곤충들이 형성한 복잡한 공생관계를 이해할 수 있는 열쇠가 있다.

나무는 진딧물과 나무좀의 공격만 받는 것이 아니다. 이른바 거대한 탄수화물 창고인 나무에서 영양분을 빼앗아 먹으려는 다른 종의 곤충들도 있다. 비단벌레는 수피에 알을 낳고 유충은 나무에 구멍을 낸다. 바구미 무리들에게 심하게 갉아먹힌 나뭇잎은 마치 곡물 가루를 뿌려놓은 것처럼 보인다. 이것은 진딧물들한테 '혈액'을 빨아먹히는 것보다 나무의 건강에는 훨씬 안 좋은 상황이다. 개미 때문에 진딧물 개체수가 증가하면 '혈액' 손실양이 증가하는 동시에 나무 주변에 서식하는 개미의 개체수도 증가한다. 나무즙이 많다는 것은 개미가 잡아먹을 수 있는 유충 수가 많다는 의미다. 종족을 보호하려는 동물, 즉 개미들이 다른 곤충들이 낳은 유충을 많이 잡아먹을수록 나무는 곤충들의 습격을 덜 받는다.

개미와 진딧물 공동체의 서식 환경을 어떻게 정의해야 할까? 이 질문에 대해 학자들마다 답이 다르다. 하지만 긍정적인 효과가 더 많다는 견해를 입증하기 위한 연구가 여럿 있다.[24] 영국 랭커스터대학교의 존 휘터커 John Whittaker 교수는 자작나무는 개미와 함께 살 때 더 건강하다고 한다. 진딧물 개체수도 더불어 증가하지만 이것은 몇몇 종에게만 해당되는 일이다. 개미에게 이용당하지 않는 곤충들의 개체수는 급격히 감소한다. 나뭇잎을 먹고사는 엽식 곤충 개체수도 급격히 감소한다. 개미가 살지 않는 자작나무는 개미가 사는 자작나무보다 나뭇잎의 수가 6배나 줄어들었다. 휘터커 교수에 의하면 개미는 플라타너스 나무에게도 이익을 주는 존재다. 개미들이 나뭇잎을 키워주며 개미 덕분에 다른 엽식 곤충류의 공격이 줄어들기 때문이다. 개미가 없을 때보다 나무줄기의 직경이 두세 배 빨리 성장한다.[25]

개미는 정말 이로운 곤충일까? 이 질문에 답하기에는 생태계가 너무 복잡하다. 한 발짝 더 나간다면 이 경우 자연의 상관관계를 이해하려는 노력은 끝없이 돌을 밀어올려야 하는 시시포스의 삶과 같은 일이라는 것을 알게 될 것이다. 당에 관한 질문으로 이 문제를 생각해보자. 나뭇잎을 갉아먹는 애벌레가 없으면 나뭇잎이 더 잘 자라기 때문에 진딧물은 나무에서 뽑아낸 '피'를 먹고 더 많은 당을 생산할 수 있다. 이 당의 대부분은 나무에 남아있다. 그리고 뿌리와 균류를 통해 토양의 생태계로 전달된다.

영양분을 충분히 섭취한 진딧물로 인해 '단비'가 내리면서 당 성분이 지상의 식생과 토양으로 흘러들어간다. 개미가 모든 것을 다 섭취할 수는 없다. 그래서 이 단물 방울이 나뭇잎과 토양에 도달한다. 앞에서 나무 밑에 주차를 했더니 차창에 끈적거리는 물질이 달라붙었던 이야기를 생각해보자.

나무와 공생관계에 있고 뿌리와 함께 활동하는 균류는 토양에 빼앗긴 만큼의 단물이 부족하다. 따라서 영양 상태가 부실한 균류는 버섯을 더 조금 만들 수밖에 없다. 그리고 달팽이와 다른 곤충들이 버섯의 영향을 받는다. 총 정리하면 학문적으로 더 이상 연구할 것이 거의 없다는 결론이 나온다.

산림경영으로 인해 발생한 변화는 눈에 잘 띄므로 쉽게 예측할 수 있다. 원래 숲에 있던 나무를 벌목하고 독일에서 너도밤나무만을 심은 것처럼 천편일률적으로 한 종류의 나무만 심으면, 한 종만 사라지는 것이 아니라 숲 공동체 전체가 사라진다.

지금까지 시계의 톱니바퀴 하나하나에만 신경 쓰느라 전체를 보지 못하고, 하나의 시계 장치인 생태계를 통째로 바꾸려고 해왔다. 새 시계가 헌 시계처럼 잘 돌아갈지 의문이다.

이 시계 장치가 잘 돌아가기 위해서 필요한 것은 '숲속의 경찰'이 아니다. 솔나방, 소나무 밤나비, 나무좀처럼 숲속에 해를 끼치기도 하는 '범인'들이다. 다음 장에서는 나무좀에 대해 더 자세히 알아보도록 하자.

일사불란한
숲속의 악당,
나무좀

물론 나무좀이 건강한 나무에서 대량으로 번식할 때도 있다.
하지만 이것은 인간이 자연의 룰을 마음대로 어기거나 바꿨을 때만
일어나는 일이다. 자연의 미세한 균형을 깨뜨리는 존재는
나무좀이 아니라 우리 인간이다.
우리가 문제를 이런 관점에서 인식하지 못한다면
억울하게 나무좀만 누명을 쓰는 것이 아닌가!

식자공^{Buchdrucker}, 동판 조각사^{Kupferstecher}, 숲 정원사^{Waldgärtner}라
는 아름다운 이름 뒤에는 벌레가 숨어 있다. 그 벌레들은 바로
가문비나무좀, 별나무좀, 소나무좀이다.* 그들은 독일 숲의 평화
를 깨는 해충 순위에서 상위권을 차지하는 녀석들이다. 모두 나
무좀에 속하며 누구나 한 번쯤은 들어봤을 이름들이다. 그런데
이유가 뭔지 이 녀석들에게는 부정적인 이미지가 박혔다. 많은
사람들이 이런 질문을 해온다. 자연보호구역에 있는 모든 죽은
목재들이 이러한 해충들의 부화장이 되어서는 안 되므로 차라
리 제거하는 것이 낫지 않느냐는 것이다. 이러한 선입견과는 달
리 가문비나무좀을 비롯한 유사종 벌레들은 숲의 건강에 전혀
해를 끼치지 않는다. 오히려 경이로운 존재다. 먼저 이들의 자
연적 서식 공간을 간략하게 살펴보도록 하자.

이름에서 이미 추측할 수 있듯이 나무좀^{Borkenkäfer}들은 숲에
서 산다. 'Borkenkäfer'에서 'Borke'은 껍질, 더 정확하게 표현하

---

* 각각의 단어가 직업과 벌레 이름 두 가지 뜻을 가지고 있다.

면 수피樹皮와 동의어다. 나무는 나무좀들의 서식 공간인데, 종마다 좋아하는 나무가 따로 있다. 몸집이 큰 가문비나무좀은 가문비나무에 넓게 퍼져 살고 있다. 봄에 기온이 20℃ 정도로 올라가면 성충들은 수피 아래에 있는 겨울 은신처에서 나와 짝짓기를 하기 위해 무리를 지어 날아다닌다. 그런데 이것은 결코 만만한 일이 아니다. 수컷들은 짝짓기 대열에 끼기 위해 오랫동안 많은 준비를 해야 하기 때문이다.

먼저 병든 가문비나무를 찾아야 한다. 다른 나무들도 마찬가지겠지만 가문비나무는 곤충의 공격에 방어할 수 있다. 첫 경험을 해보기도 전에 죽고 싶은 수컷이 어디 있겠는가? 그래서 가문비나무좀들은 계획적으로 병든 나무를 찾고 특수한 향이 나는 물질을 분비한다. 나무들은 스트레스를 받으면 서로에게 자신의 상태를 알린다. 예를 들어 나무가 건조하다고 느끼는 것은 토양에 수분이 부족하여 위험하다는 뜻이다. 나무는 이러한 상태를 가장 먼저 감지하고 주변의 동종 나무들에게 경고 신호를 보낸다. 경고 신호를 전달받은 나무들은 비상시를 대비해 물 소비량을 줄여 뿌리 공간에 어느 정도 물이 남아 있게끔 조절한다. 그런데 나무의 적들도 이 사실을 알아채고 타액을 분비하며 나무를 위협한다.

일반적으로 가문비나무는 구멍을 내면서 파고드는 벌레들에 대한 방어 능력을 갖추고 있다. 가문비나무는 수지樹脂라고도 불리는 송진을 대량으로 분비하여 나무좀들을 질식시킨다. 하지만 수분이 부족하거나 다른 문제로 병든 나무는 이런 반응을 할 수 없다.

수컷 가문비나무좀은 원하는 조건의 나무를 찾으면 구멍 뚫기 작업에 바로 착수한다. '제대로 못할 바에는 시도도 하지 마라.' 수컷 가문비나무좀은 이렇게 정신 무장을 하고 열심히 구멍을 뚫는다. 운이 좋으면 구멍을 뚫는 통로가 생기기도 하지만, 아예 없을 때도 있다. 나무좀이 수피의 섬유질에 평행한 방향으로 구멍을 뚫으며 아래층으로 내려가다 보면 밀리미터 단위로 통로가 있다. 구멍을 뚫는 과정에서 생긴 가루는 돌아오는 통로의 진행방향과 반대 방향에 밀어놓는다.

산림관은 이 갈색 가루를 최상위 단계 경고 신호로 받아들인다. 가문비나무가 저항력을 잃어 죽음을 맞을 것이 확실하기 때문이다. 반면 나무좀에게는 성공 신호이므로 주변 나무들에게 향기 물질을 발산하여 소식을 전달한다. 수컷들이 짝짓기를 하기 위해 경쟁을 벌이는 행위를 비논리적이라 여길지 모른다. 하지만 결코 그렇지 않다.

나무좀에게 시달리는 도중에 잠깐이라도 비가 내리면 나무는 다시 에너지를 얻을 수 있다. 기력을 회복한 나무들은 신선한 송진을 분비하여 용감하게 자신에게 도전한 나무좀들을 쥐도 새도 모르게 없애버릴 수 있다. 하지만 비가 내리지 않아 수분이 부족한 가문비나무는 급격히 쇠약해지면서 두 번 다시 건강을 되찾을 수 없다. 나무좀들이 나무에 구멍을 많이 낼수록 나무의 생명력은 조금씩 약해진다.

그러다 보면 언젠가는 구멍이 너무 많아진다. 나무좀이 많이 몰려들어도 알을 낳을 '방'은 충분해진다. 그러나 나중에 유충들이 살기에는 부족한 공간이다. 이제 유충들이 수피를 갉아먹어 별모양 공간이 만들어지면 이 공간에는 유충들이 바글바글해진다. 수컷의 수가 어느 정도 모이면 수컷들은 '방 없음' 신호를 보내 경쟁자들을 견제한다. 경쟁자가 많다고 수컷들이 홀대를 받지는 않는다. 이런 경우 대개 주변에 수컷들이 공격을 바로 개시할 수 있는 가문비나무들이 있기 때문이다. 적어도 독일과 같은 위도 지역에서는 나무좀의 공격으로 나무가 병들 가능성이 상당히 높다. 가문비나무의 원산지는 독일이 아니기 때문에 가문비나무들은 독일의 날씨가 너무 덥고 건조하다고 느낄 수밖에 없다.

개체수가 아주 많은 경우, 가문비나무좀은 심지어 건강한 나무도 쓰러뜨린다. 가문비나무 집단 전체가 가문비나무좀으로부터 습격을 당하면 '나무좀의 둥지'라 불리는 가문비나무의 수관이 붉게 변한다. 멀리서도 알아볼 수 있도록 가문비나무좀들이 신호를 보내는 것이다. 그런데 이 '화학 통신'은 적들도 그 신호를 감지할 수 있다는 단점이 있다.

털점박이개미붙이는 몸집이 큰 불개미처럼 생겼으며 가문비나무좀을 공격하는 적 중에 하나다. 이 녀석들은 나무좀 가까이에 있을 때 냄새를 풍기며 식욕이 왕성해졌다는 신호를 보낸다. 성충과 유충을 불문하고 털점박이개미붙이는 나무좀들을 싹쓸이하여 잡아먹는다. 화학 신호를 남발한 것이 나무좀들에게 단점으로 작용했던 것이다.

이렇게 되면 수컷 가문비나무좀은 지원 요청 신호를 보내는 동시에 원래의 목적인 짝짓기를 할 기회도 놓친다. 여기서 포기할 순 없다. 수컷 가문비나무좀은 수피 아래에 짝짓기 방을 다시 만들고 또 다른 향기 신호를 보내며 암컷을 유혹한다. 첫 번째 암컷 손님이 도착하면 교미를 하고 다른 암컷을 또 기다린다. 수컷 한 마리가 1~3마리 암컷을 상대한다. 암컷들은 알을 낳을 작은 방과 통로를 만들고, 방을 다 짓고 나면 그곳에 알을 낳는다. 그 사이에도 암컷과 수컷은 계속 교미를 한다. 수컷의 정자 하나로 30~60개의 알을 낳을 수 있다. 이때 수컷들이 손 하나 까딱 않고 구경만 하는 것은 아니다. 매너 좋은 카사노바처럼 친절하게 암컷들이 방 정리하는 것을 돕는다.

그러고 나면 유충들이 혼자서 슬며시 알을 깨고 나와 영양분이 많은 수피 아래층을 갉아먹고 점점 통통해진다. 계절이 지난 후 오래된 수피에서 나뭇잎이 떨어진다. 이때 우리는 이 과정을 제대로 관찰할 수 있다. 마지막 단계로 갈수록 유충들이 수피를 우물우물 씹어먹는 과정이 점점 길어진다. 이것은 나무좀 유충들의 행동 범위가 늘어났다는 의미다. 마지막 단계에서는 구멍이 하나 남는다. 이 구멍에서 유충이 탈피하여 번데기가 되고 부화한 나무좀은 은신처로부터 탈출하여 날아간다. 나무좀이 수피를 먹고 강해진 다음의 일이다. 나무좀이 만든 구멍은 수피에 빛을 비추면 잘 보인다.

알에서 성충으로 성장하려면 10주 정도 걸리므로 1년 동안 여러 세대의 성충이 탄생할 수 있다. 수컷이 냄새로 암컷을 꾀어내는 실력에 따라 차이가 있기는 하다. 서늘하고 습한 여름은 가문비나무좀에게는 안 좋은 조건이다. 그 이유는 첫째, 나무들이 가문비나무좀의 습격을 잘 막을 수 있기 때문이고, 둘째, 곤충들 사이에서 균류를 비롯한 다른 질병이 쉽게 퍼질 수 있기 때문이다. 사람에게도 그렇지만 비가 오래 내릴수록 가문비나무좀에게는 손해다.

물론 균류가 부정적인 영향만 끼치는 것은 아니다. 몇몇 종의 나무좀들은 무리를 지어 정착하기 위해 심지어 습기가 많은 나무를 찾기도 한다. 이런 곳에는 검은줄나무좀 같은 곤충이 살고 있을 수 있다. 몸에 균류를 달고 다니는 검은줄나무좀은 막 말라붙기 시작하여 죽어가는 나무줄기를 이용한다. 이 단계의 나무는 균류가 정착하고 살기에 아주 좋다. 균류는 습기가 많은 건강한 나무나 바싹 말라 죽어가는 나무에서는 성장할 수 없기 때문이다.

나무좀들의 세계에서는 우연이 없다. 검은줄나무좀은 청변균 포자를 몸에 달고 다니며 나무를 감염시키면서 자신들이 다닐 통로를 만들어놓는다. 가문비나무좀과 달리 검은줄나무좀은 한 층 더 아래로 내려가 변재邊材를 사용한다. 변재는 얼마 전까지 살아 있던 나무의 바깥 부분의 나이테를 말한다. 변재는 나무줄기보다 습기가 많기 때문에 검은줄나무좀이 몸에 달고 온 균류들이 잘 번식할 수 있다. 그래서 검은줄나무좀은 사다리처럼 생긴 짧은 가지부터 시작하여 통로 시스템을 만든다. 이제 내벽에 균류가 자라기 시작하고 성충과 유충은 이 균류를 통해 영양을 섭취한다. 그러면 이 통로 주변의 나무가 검게 변한다. 산림 소유자와 제재소 입장에서 이것은 나무줄기의 가치를 떨어뜨리는 요인이다.

이러한 수피 나무좀과 일반 나무좀은 쉽게 구별할 수 있다. 나무줄기 밖에서 갉아 먹혔을 때의 가루는 흑갈색이 아니라 흰색에 가깝다. 바깥 부분은 밝은 목재로만 이뤄졌기 때문이다.

나무줄기의 구멍과 균류로 인한 변색. 이 두 가지만 놓고 판단하면 나무좀은 당연히 해충으로 봐야 한다. 원자재로서 나무의 가치를 떨어뜨리는 것만 문제가 아니다. 바이에른발트국립공원Nationalpark Bayerischer Wald의 사례에서처럼 날이 따뜻하고 건조한 해에는 나무좀이 대량으로 번식하여 구릉 전체를 뒤덮는다.

이번에는 전혀 다른 차원에서 소나무좀dendroctonus ponderosae으로 인한 산림 파괴 실태에 대해 알아보도록 하자. 북아메리카 서부의 소나무 숲에서 서식하는 소나무좀은 로지폴소나무를 특히 좋아하고 가문비나무좀과 행동양식이 비슷하다. 소나무좀은 암컷이 나무 공격을 시작하고 수컷을 유혹하려고 화학물질을 내뿜는다. 암컷 소나무좀들은 살아 있는 수피층을 습격하여 마비시킨 균류를 끌어들여 나무가 송진을 흘려 내보내는 방어 전략을 사용하지 못하도록 막는다. 그 결과 나무의 방어 행위는 물론이고 영양분 이동이 중단된다. 나무는 방어 능력을 잃고 그 자리에 서 있어야 한다.

최근 이 소나무좀이 건강한 숲 지대까지 습격하며 번식한다는 보고가 늘어나고 있다. 그사이 캐나다 브리티시컬럼비아주에서 경제적으로 사용 가능한 목재 보유량의 4분의 3가량이 소나무좀으로 인해 사라졌고 넓은 면적에서 나이가 많은 나무들이 큰 피해를 입었다.

어떻게 이런 일이 발생할 수 있었을까 궁금증이 생길 것이다. 일반적으로 자연 환경의 토대를 사라지게 할 수 있는 종은 없다. 학자들은 기후변화에서 그 원인을 찾고 있다. 겨울의 기온이 올라가면서 더 많은 알과 유충이 살아남고 있다. 그 결과 소나무좀이 북쪽 지역으로 확산될 수 있었다. 지구 온난화로 인해 나무가 병약해지면서 다른 공격자들을 방어할 힘마저 잃었는지도 모른다.

그런데 이것은 문제의 일부일 뿐이다. 대부분의 연구에서는 다른 중요한 문제를 거론하지 않고 있다. 엄청난 규모의 원시림 면적이 사라지고 있는데 이 거대한 면적에 단일 품종의 나무만 경작된다. 소나무좀이 대량으로 번식하기에 좋은 조건인 것이다. 번개와 같은 자연 현상 때문에 산불이 발생하는 경우는 극히 드물고 바로 진화 작업이 이뤄진다. 따라서 예전보다 숲에 소나무가 더 많을 수밖에 없다. 이런 곳에는 병든 소나무가 더 많기 때문에 소나무좀이 대량으로 번식할 수 있다.

그사이 소나무좀은 북상하여 높은 산지대에서 서식하고 있다. 대개는 날씨가 더 춥거나 예전에 더 추웠던 곳이다. 이런 지역에 서식하는 종의 소나무들은 소나무좀을 잘 모르기 때문에 소나무좀에 대한 방어 능력도 제대로 갖추고 있지 않다. 이 지역에 원래 서식하고 있던 로지폴 소나무는 이러한 상황을 쉽게 극복하지 못하기 때문에 희생양이 된다. 소나무좀이 구멍을 뚫기 시작하면 로지폴 소나무는 처음에는 상처 부위에 송진을 분비한다. 공격자인 소나무좀은 송진에 질식하거나 송진을 헹궈낸다. 물론 질긴 녀석은 끈적거리는 송진 덩어리에서 발버둥치고 나와 동료들에게 나무를 계속 공격하라고 화학 신호를 보낸다.

나무좀이 첫 번째 관문을 통과하면 살아 있는 나무 세포들을 만나게 된다. 나무 세포는 바로 죽음을 택하고 강한 독성 물질을 내보낸다.[26] 혼자 있는 나무좀은 바로 죽임을 당한다. 화학물질로 동료들에게 구조 요청을 하고 나무를 공격하여 무너뜨리라고 외친다.

앞서 언급했던 바이에른발트국립공원에서도 이와 유사한 양상으로 나무들이 쓰러지고 있다. 이 지역에는 산림경영 차원에서 대규모 가문비나무 숲이 조성되어 보호받고 있다. 나무좀으로 인한 피해를 잘 아는 산림관들이 가문비나무들이 습격과 화학물질 중독으로 죽어가는 모습을 보고만 있을 리 없다. 가문비나무좀은 북아메리카의 소나무좀처럼 살아남기 위해 몸부림을 친다. 하지만 결론은 똑같다. 가문비나무좀의 습격으로 희생당한 가문비나무 시체가 구릉 전체를 뒤덮게 된다. 이 모습을 보고 푸르른 목가적 풍경을 기대했던 등산객들은 충격을 받는다.

다시 한 번 질문을 하겠다. 나무좀은 정말로 해충일까? 나는 단호하게 아니라고 답하겠다. 나무좀은 병든 나무에만 피해를 주는 나약한 기생충에 불과하다. 물론 나무좀이 건강한 나무에서 대량으로 번식할 때도 있다. 하지만 이것은 인간이 자연의 룰을 마음대로 어기거나 바꿨을 때만 일어나는 일이다. 계획적 조림 시스템이나 기후변화를 초래한 유해물질 방출이 원인일 수 있다. 이렇게 보면 자연의 미세한 균형을 깨뜨리는 존재는 나무좀이 아니라 우리 인간이다. 우리가 문제를 이런 관점에서 인식하지 못한다면 억울하게 나무좀만 누명을 쓰는 것이 아닌가! 자연의 균형을 회복시키는 방안보다는 좀 더 자연에 가까운 환경으로 방향을 전환해야 하지 않을까?

중부 유럽의 침엽수림은 인위적으로 조성된 지역이다. 길지도 짧지도 않은 기간 안에 토종 품종인 활엽수림으로 대체되어야 한다. 물론 활엽수림도 종별로 서식하는 나무좀이 다르다. 너도밤나무, 참나무는 가문비나무나 소나무보다 기반이 탄탄하기 때문에 곤충의 습격에도 문제없이 대처할 수 있다.

나무좀에게는 병충해를 퍼뜨리는 곤충이라는 수식어가 따라다닌다. 이는 원인을 제대로 파악하지 못하고 하는 말이다. 병들고 곤충의 습격을 받은 나무들이 털점박이개미붙이, 딱따구리를 비롯한 다양한 종의 생물들에게는 삶의 터전이라는 사실에는 변함이 없다.

나무좀이 죽은 나무에 사는 곤충들에게 통로를 열어주었다면 일시적으로 이들은 대량 번식 지역에서는 편하게 먹고살 것이다. 가문비나무가 사라진 독일의 국립공원 지대에 새로운 나무 세대들이 등장하면서 곤충들의 습격을 받을 것이다. 이곳에 정착하게 될 활엽수들은 미래의 숲에 탄탄한 기반을 마련해줄 것이다. 이런 면에서 나무좀은 나무를 죽이고 묻는 장의사가 아니라 새로운 나무의 탄생을 돕는 산파다.

이 메커니즘을 몸집이 더 큰 동물을 중심으로 살펴보면 더 쉽게 이해가 될 것이다. 죽은 동물이라 부담이 되는가? 죽은 동물도 생태계의 일부이고, 자연이라는 우주의 소행성과 같은 존재다. 그런데 이들은 지금까지는 부정적인 이미지가 더 강했고 존중을 받지 못했다.

동물들의
장례식 만찬

가축이나 사람이나 왠지 중독성이 있어 계속 손이 가는 음식이 있다.
가축들은 소금기를 핥으려 함염지로 모여들고
우리는 짜디짠 막대기 과자를 먹는다.
쥐들에게는 석회를 비롯한 미네랄 성분이 이런 존재다.
이것이 숲에서 동물의 사체나 뼈를 발견할 수 없는 두 번째 이유다.

　지금까지 우리가 눈여겨보지 않았지만 생태계에는 별난 식성을 가진 동물들이 꽤 많다. 이들은 특이하게도 몸집이 큰 포유동물의 시체를 좋아한다. 시체들 주변에서는 환상적인 일들이 벌어진다. 벌써부터 속이 좋지 않은가? 엄밀하게 따지면 우리는 끊임없이 동물의 시체들에 둘러싸여 살아간다. 채식주의자가 아니라면 일상에서 거의 매일 이 시체들을 접한다. 접시 위에 놓여 있는 고기가 동물의 시체가 아니고 무엇이겠는가? 접시 위의 고기와 멧돼지, 노루, 사슴의 시체의 가장 큰 차이는 부패한 정도다. 다행히 우리 식탁 위에 오르는 고기는 부패가 심하지 않아 안심하고 먹어도 된다.

　그런데 많은 종의 동물들이 부패가 상당히 진행된 사체를 먹거나 필요로 한다. 이들은 시체가 부패할 때의 고약한 냄새를 맡으면 식욕이 왕성해지면서 입맛이 살아난다. 그중에서도 각자 원하는 부위가 있다. 중부 유럽에서만 매년 수백만 마리의 노루, 사슴, 멧돼지가 비참하게 죽음을 맞이한다. 독일에서도 수많은 야생동물이 총에 맞아 목숨을 잃는다. 독일사냥협회 통계에 의하면 한 해 사망하는 노루, 사슴, 멧돼지 수는 약 180만 마리다. 물론 어떤 동물들은 자연사를 한다. 죽은 동물의 몸에는 무슨 일이 일어날까? 간단히 답하자면 부패가 일어난다고 할 수 있다. 동물이 죽으면 살덩어리가 사라지면서 지독한 악취가 풍기고 언젠가는 부식토로 변한다. 누가 이 과정을 이끌어가고 있을까?

몸집이 아주 큰 동물인 곰부터 시작해보자. 곰은 후각이 매우 발달해서 수 킬로미터 멀리 떨어진 곳에서 풍기는 고기 굽는 냄새까지 맡을 수 있다. 단 며칠이면 늑대 같은 다른 종의 포식자들과 함께 가뿐하게 사체를 거의 다 먹어치운다. 아직 먹지 않은 고기는 나중에 먹으려고 다른 동물들의 눈에 띄지 않도록 흙 속에 파묻어놓는다.

새들도 사체를 차지하기 위해 상시 대기 중이다. 아프리카의 사바나 지대의 독수리들은 죽은 지 얼마 안 된 시체 위를 맴돌고 있다가 날카로운 소리로 울면서 시체를 낚아챈다. 북위 지방에서는 까마귀들이 호시탐탐 시체를 노리고 있다. 육식조肉食鳥인 까마귀들도 자신의 영역 위를 오랫동안 날아다니면서 죽은 노루나 멧돼지를 찾고 있다.

죽은 동물을 두고 동물들끼리 싸움이 붙는 건 다반사다. 곰이 나타나면 늑대에게는 불리하다. 늑대 입장에서는 충돌이 일어났을 때 어린 새끼들이 옆에 있으면 잽싸게 도망치는 것이 상책이다. 늑대의 새끼들은 곰의 전채요리가 되기 십상이기 때문이다. 때맞춰 늑대의 지원군으로 까마귀가 등장한다. 이미 냄새를 맡은 까마귀들은 저 멀리서도 위기일발의 상황임을 감지하고 늑대 무리를 주시하고 있다가 늑대를 도와준다. 그 대가로 까마귀들은 먹잇감의 일부를 차지한다. 이것이 당연한 상황은 아니다. 사실 늑대들이 까마귀를 잡아먹는 건 일도 아니다. 그러나 늑대들은 자신을 도와주는 새들과는 특별히 사이좋게 지내라고 새끼들을 교육시킨다. 그래서 우리는 종종 늑대의 어린 새끼들이 까마귀 떼들과 놀고 있는 모습을 관찰할 수 있다. 이렇게 지내면서 늑대의 어린 새끼들은 까마귀의 체취를 기억하고 까마귀를 공동체의 일원으로 받아들이는 것이다.

늑대와 까마귀처럼 평화로운 관계를 유지하는 사이가 있는가 하면 먹잇감을 두고 피터지게 싸우는 동물들도 있다. 까마귀 말고도 흰꼬리독수리나 솔개 같은 새들도 자신의 할당량을 확보하고 싶어 안달이다. 이 녀석들은 동물의 시체를 발견하는 순간 날카로운 울음소리로 신호를 보낸다. 주변에서 대기하고 있다가 까마귀가 먹고 남은 부분을 차지한다.

이렇게 동물들의 사체가 많이 생기는 곳에서는 여러 지역 식물이 함께 자라기 때문에 식생 분포도에 변화가 생긴다. 대개 풀잎의 솜털에 달려 있다가 소리 없이 사라지는 씨앗들이 싹을 틔운다. 노루와 사슴 같은 초식동물들에게 괴롭힘을 당할 일이 없으므로 식물들에게는 새로운 세상이 온 것이다. 게다가 부패한 사체는 흙의 거름이 된다. 노루와 사슴의 시체는 식물에게는 엄청나게 커다란 연어와 같은 존재다. 흙에 영양분이 공급되므로 1m 반경에는 풀과 약초가 짙은 녹색을 띠며 무성하게 자란다.[27]

그렇다면 사체의 뼈에는 무슨 일이 일어날까? 앞서 설명했듯이 동물들이 사체의 살을 뜯어먹고 남은 부분은 토양의 거름이 되어 식물의 성장에 도움을 준다. 이 과정을 거친 다음에는 숲과 벌판 여기저기에 뼈가 널브러져 햇빛을 받으며 바래가고 있어야 할 것이다. 그런데 절대 그런 일은 없다. 산림관인 나는 직업상 매일 숲을 다니며 상태를 점검하지만 동물의 사체가 즐비한 '묘지'나 동물의 뼈는 거의 본 적이 없다.

여기에는 두 가지 요인이 관련되어 있다. 하나는 몸이 약하거나 병든 동물들이 동종 무리에서 떨어져 나오기 때문이다. 그들은 덤불에 숨어 지내거나 뜨거운 여름날에는 상처의 열을 식히기 위해 작은 개울가 근처에 머무르거나 물속으로 들어간다. 물론 이곳에서도 죽음이 이들을 기다리고 있다. 몸이 약한 개체들은 포식자의 눈에 잘 띄기 마련이다. 따라서 이들이 무리에서 떨어져 나오는 것은 동종이 다치는 것을 막으려는 지극히 당연한 행위다. 사람은 그 누구의 방해도 받지 않기 위해 외딴 장소를 찾지만, 동물은 이렇게 동종을 살리기 위해 외로운 죽음을 맞이한다. 뼈는 덤불에 가려져 잘 보이지 않기 때문에 우리는 냄새로 죽은 동물의 사체를 찾아야 한다.

사실상 뼈는 분해되지 않으므로 동물이 식생보호구역 이외의 지역에서 죽을 경우 시간이 흐르고 나면 주변 환경이 온통 뼈로 뒤덮여야 한다. 그런데 현실에서 이런 일은 일어나지 않는다. 죽은 동물이 마지막으로 남긴 것에 관심을 보이는 녀석들이 있기 때문이다. 쥐와 같은 동물이다. 설치류인 쥐들은 뼈를 좋아하고 뼈의 흔적이 사라질 때까지 열심히 갉아먹는다. 가축이나 사람이나 왠지 중독성이 있어 계속 손이 가는 음식이 있다. 가축들은 함염지Salt lick*로 모여들고 우리는 짜디짠 막대기 과자를 먹는다. 쥐들에게는 석회를 비롯한 미네랄 성분이 이런 존재다. 이것이 숲에서 동물의 사체나 뼈를 발견할 수 없는 두 번째 이유다.

곰 역시 가장 좋아하는 것 중 하나가 죽은 지 얼마 안 되어 습기가 약간 남아 있는 뼈다. 이런 뼈에는 지방 함량이 높다. 곰의 별식이 탐나서 감히 곰한테 싸움을 걸 동물은 없다. 맹수라고 하는 늑대도 마찬가지다. 알다시피 원래 개들은 뼈다귀를 질겅질겅 씹어먹는 것을 좋아한다. 하지만 같은 종이라고 해도 늑대들은 식성과 성격이 달라서 번거롭게 뼈를 쪽쪽 빨아먹는 것을 좋아하지 않는다.

---

* 동물이 소금기를 핥으러 모이는 곳.

한편, 이 귀찮은 일이 생존과 직결되는 동물들도 있다. 곰이 멸종된 곳, 특히 우리 주변에서 이런 일이 벌어지고 있다. 딱딱한 뼈가 부서진 곳이면 나타나는 연약한 생물들이 있다. 붉은머리파리^{개파리} 같은 곤충들이다. 이 녀석들은 2009년까지 자취를 감췄다가 다시 나타나기 시작했다.[28]

붉은머리파리는 외모와 행동이 다른 파리들과 약간 다르다. 환상적인 작은 주홍빛 머리와 독특한 외모에 행동방식도 다르다. 특이하게도 이 녀석들은 추운 날씨, 특히 추운 겨울밤 길거리를 돌아다니는 걸 좋아한다. 이 녀석들은 밤거리를 쏘다니며 동물의 사체와 뼈를 찾고 그 위에서 먹고 즐기며 알을 낳는다. 물론 19세기 이후 '위생법'이 강화된 독일의 거리에서 동물의 썩은 사체를 찾는 것은 쉽지 않다. 이러한 이유로 독일에서는 곰이 사라졌고 붉은머리파리들에게 굶주림이 찾아오며 고난이 시작됐다. 결국 1840년 붉은머리파리는 멸종되고 말았다.

2009년 에스파냐의 사진작가 훌리오 베르뒤^{Julio Verdú}가 화려한 빛깔의 파리 한 마리를 찍었는데, 열대지방 여행을 다녀오던 그와 함께 에스파냐로 들어온 것으로 추정되었다. 마침 마드리드대학교 연구팀은 오랫동안 실종된 곤충을 찾고 있었다. 연구팀은 이 파리를 보자마자 멸종 리스트에 등록된 파리 중 하나라는 사실을 알았다.[29]

북방 지역에 서식하는 육식조인 까마귀를 이야기하려면 독수리에 대해 말하지 않을 수 없다. 독일의 하늘에는 흰목대머리 독수리가 동물의 사체를 찾아 날아다니고 있다. 조류 전문 정보 인터넷 플랫폼 '클럽300club300'에서 아마추어 조류 연구가들은 매년 희귀 조류가 관찰되고 있다고 보고하고 있다.[30] 통계를 분석한 결과, 그동안 독일의 토종 조류가 고향으로 돌아오고 있는 조짐이 보였지만, 이처럼 우연히 나타난 '깜짝 방문' 사례는 드물었다. 그동안 흰목대머리독수리들은 붉은머리파리처럼 많은 지역에서 멸종된 것으로 보고됐었다.

지금까지 우리는 몸집이 큰 동물만 살펴보았다. 몸집이 크면 사체를 처리할 때도 여간 번거로운 것이 아니다. 몸집의 크기가 일정 기준을 넘으면 처리 자체가 불가능하다. 그래서 쥐처럼 몸집이 작은 동물의 사체도 곳곳에 널브러져 있는 것이다. 확 트인 자연환경에서는 작은 동물의 사체들이 훨씬 더 많이 발견된다. 이런 곳에는 1km²당 최대 10만 마리의 설치류가 우글거리며 살고 있다. 그런데 이들의 평균 수명은 고작 4.5개월이다. 쥐들은 태어난 지 2주 만에 생식능력을 갖춘다. 암컷이 임신하고 2주가 지나면 약 10마리의 새끼가 세상의 빛을 본다.

암컷과 수컷 한 쌍이 1세대당 10마리 새끼를 낳고 영양 생장기 동안 총 5세대가 탄생한다. 개체수가 폭발적으로 증가하는 해에는 1km²당 개체수가 10만 마리혹은 5만 쌍이고 새끼 수까지 합치면 250만 마리다. 물론 이 모든 과정이 동시에 진행되는 것은 아니다. 대부분은 그 사이 병에 걸려 죽거나 다른 동물에게 잡아먹히기 때문이다. 그러니까 설치류의 한 세대가 끝날 때까지 총 250만 마리의 사체가 발생하는 셈이다. 한 마리의 평균 몸무게가 30g이므로 총 75t에 달하는 엄청난 양이다. 노루 개체수 기준으로 환산하면 3,000마리다. 이 많은 사체를 말똥가리, 여우, 고양이가 전부 먹어치우는 것이 아니다. 사체 '처리자'들마다 정해진 분량이 있다.

송장벌레Totengräber*는 반전 캐릭터를 가진 곤충이다. 겉모습은 아름다운 검은색과 오렌지색 줄무늬를 뽐내지만, 이름에서 암시하듯이 쥐의 사체를 처리하는 '장의사'다. 나는 숲을 산책할 때 이 녀석을 꼭 만나고 간다. 그냥 지나치기에는 너무 아름다운 자태를 갖고 있기 때문이다. 성충들은 다른 곤충을 잡아먹기도 하지만 사체의 향기가 솔솔 풍겨오면 유혹을 거부하지 못하고 사체 쪽으로 이끌린다.

송장벌레들이 사체를 좋아하는 이유는 맛 좋은 식사와 새끼를 낳아 기를 수 있는 장소까지 동시에 제공되기 때문이다. 대개 수컷이 먼저 먹이를 차지한다. 먹이를 차지한 수컷은 승전가를 부르며 하늘 높이 둔부를 치켜세우고 암컷을 유인하기 위

---

*   이 독일어는 송장벌레와 무덤 파는 사람이라는 두 가지 의미가 있다.

해 신호물질을 내보낸다. 물론 목적은 짝짓기다. 수컷 경쟁자들이 신호물질을 포착하고 날아들 수도 있다. 피 터지는 싸움이 시작되고 열등한 경쟁자가 뒷정리를 해야 한다. 암컷이 등장하면 작업을 개시한다. 쥐의 사체를 매장하는 중에도 남은 피부를 계속 뜯어 먹는다. 이때 송장벌레들은 털도 같이 뜯어 먹으면서 자신의 할당량에 침을 발라놓는다. 더러워서 밥맛이 뚝 떨어지는 것 같다. 그런데 이렇게 해야 사체를 땅 밑으로 밀어넣기 쉽다. 이렇게 쥐의 사체는 땅속 깊은 곳으로 점점 밀리면서 토양 속에서 흔적도 없이 사라진다. 이것은 다른 경쟁자들의 접근을 차단하기 위한 전략이기도 하다.

사체 처리 작업은 자주 중단된다. 그 와중에도 짝짓기를 하고 싶어 하는 암컷과 수컷들이 있기 때문이다. 처리 작업이 완료되면 쥐의 형체는 사라진다. 송장벌레들은 형체가 사라진 살을 밀고 굴리며 '경단'을 만들고 암컷은 이 경단 옆에 알을 낳는다. 다른 곤충들과 달리 유충이 알을 깨고 나온 후에도 어미와 아비는 사라지지 않고 그 자리를 지킨다. 유충의 주둥이는 아직 사체를 뜯어먹을 수 있을 정도로 발달하지 않았기 때문에 어미는 밥 달라고 울어대는 새끼들에게 먹이를 먹여줘야 한다. 마치 어미새에게 먹이를 달라고 입을 벌리고 있는 둥지 속 아기새들처럼 아기 송장벌레는 어미에게 먹이를 달라고 조른다.

어미 송장벌레들의 특이한 점이 또 있다. 독일 라디오 도이

칠란트풍크Deutschlandfunk에 보도된 독일 울름대학교 연구팀 연구
결과에 의하면 새끼를 낳은 후 어미 송장벌레들은 짝짓기에 대
한 흥미를 잃는다. 이뿐만이 아니다. 수컷들이 다가와도 암컷은
거절할 수밖에 없다. 암컷들은 이미 불임 상태가 되어 있기 때
문이다. 이것은 새끼 수가 완벽히 채워졌을 때의 일이다. 새끼
가 죽었거나 다른 동물에게 잡아먹혀서 새끼가 한 마리라도 부
족하면 '쾌락 호르몬'이 다시 분비되기 시작한다. 수컷들은 이
런 변화를 귀신같이 알아차리고 기뻐서 춤을 춘다. 학자들이 관
찰한 결과에 의하면 수컷들은 최대 300회 암컷과 교접을 할 수
있다고 한다. 이것은 처음 시체를 차지했을 때보다 더 많은 횟
수다. 암컷들은 잃은 새끼 수를 채우기 위해 열심히 알을 낳는
다. 암컷과 수컷이 너무 불타올라서 새끼가 너무 많아지면 암컷
은 유충을 죽여 새끼 수를 조절한다.[31]

　몸집이 큰 곰이나 늑대가, 또는 몸집이 작은 송장벌레가 시
체를 처리하지 않으면 다른 동물이 이 일을 대신한다. 그 첫 번
째 무리가 검정파리Calliphoridae다. 독일에만 40종 이상이 서식하
고 있는 검정파리는 사체 냄새에 홀린 듯이 끌려다닌다. 이 녀
석들은 특이해서 부패한 지 오래된 사체는 거들떠보지도 않고
죽은 지 얼마 안 된 사체에만 앉아 식사를 한다.

　현란한 푸른빛을 뿜내는 검정파리가 어느 정도로 신선한
것을 좋아할까? 나는 몇 년 전 타는 듯이 더운 여름날, 노루 한

마리가 덤불 속에 쓰러져 있는 것을 발견했다. 노루는 엉덩이 부위에 큰 상처를 입고 쓰러져 있었다. 그런데 노루의 상처 위에 검정파리의 유충인 수백 마리의 하얀 구더기들이 득시글거리고 있었다. 나는 복잡한 마음으로 노루를 구조해주었던 기억이 있다.

검정파릿과의 몇몇 종들은 아주 건강한 동물들에게도 들러붙는다. 이들은 유럽두꺼비 피부 위에 알을 낳고 유충은 유럽두꺼비의 콧구멍 속을 마구 돌아다닌다. 콧구멍에 진입한 유충들은 숙주인 유럽두꺼비의 체내에서 기생하며 머릿속을 뜯어 먹기 시작한다. 유럽두꺼비는 곧 정신이 혼미해져 좀비처럼 기어다니다가 생을 마감한다.

검정파리들은 부패 상태가 심하지 않은 사체에 다가간다. 수천 마리의 파리 떼가 훤한 장소에서 알을 낳는다. 영양을 충분히 섭취하여 통통해진 유충들이 급속히 시신 전체로 퍼지면서 시신을 완전히 점령한다. 그 결과 다른 곤충들이 끼어들어 알을 낳을 장소가 사라진다. 이후에 마지막 뒤처리를 하는 곤충이 바로 붉은머리파리다. 붉은머리파리는 다른 곤충들이 남긴 찌꺼기라고 할 수 있는 뼈만으로도 만족한다.

생태계에는 덩어리가 큰 시체를 먹고사는 동물들이 많다. 이들을 도울 방법은 간단하다. 국립공원에 있는 노루와 멧돼지의 사체를 치우지 않고 그냥 두면 된다. 원래 야생동물이 죽으면 산림관들은 사체를 치워야 한다. 적어도 국립공원은 자연 상태의 성장이 우선시되어야 하지 않을까? 이것은 몸집이 큰 동물뿐만 아니라 몸집이 작은 곤충들도 마찬가지다.

붉은머리파리는 추운 겨울밤 거리를 방황하기 때문에 우리가 쉽게 만날 수 없다. 하지만 이런 독특한 생물들이 생태계에 다시 모습을 드러났다는 것도 기회라는 걸 알아야 한다.

드디어 우리가 몰랐던 밤의 세계로 여행을 떠날 때가 온 것이다. 밤의 제국에 사는 곤충들은 어둠을 좋아하는 동시에 스스로 아름다운 작은 불빛을 내는 것도 좋아한다. 이들이 밝히는 희미한 불빛은 동물들에게 아름다운 밤을 선사하지만 간혹 끔찍한 죽음으로 몰고가기도 한다.

깊은 밤
숲속에서는 무슨 일이
일어날까

반딧불이의 깜빡이 신호에는 박자와 주파수가 있기 때문에
자신만의 독특한 신호를 만들 수 있다.
반면 인간의 모스 부호에는 온/오프, 장/단밖에 없다.
반딧불이가 우리의 모스 부호를 본다면
그야말로 원시적인 수준으로밖에 보이지 않을 것이다.

빛은 자연에서 중요한 역할을 맡고 있다. 지구상에 사는 생물 중 빛의 도움을 받지 않고 사는 생물은 거의 없다. 광합성으로 생성된 당은 식물의 생명을 유지시키는 원료이고, 그 식물은 동물과 인간의 삶에 직접적인 영향을 끼친다. 자연 상태에서는 한 줄기 광선과 광자 입자를 이용해 에너지를 만든다. 이를 가장 쉽게 입증할 수 있는 방법이 나무라는 존재다. 나무는 광합성을 통해 에너지를 얻고 성장한다. 그 덕분에 다른 풀이나 덤불과의 경쟁에서 우뚝 솟을 수 있었다.

나무를 구성하는 요소인 단단한 나무줄기와 수관은 에너지가 많이 소모되는 구조다. 성목 너도밤나무로 최대 13t의 목재를 생산할 수 있고, 이 목재를 연소시켜서 얻을 수 있는 에너지가 무려 4200만kcal에 달한다. 감이 안 잡힌다면 사람과 비교해 보길 바란다. 성인 한 사람이 활동하는 데 필요한 1일 영양 섭취량은 대략 2,500~3,000kcal다. 성장한 너도밤나무 한 그루가 저장하고 있는 에너지는 성인 한 사람이 40년 동안 섭취하는 열량이다. 우리의 장이 나무를 소화시킬 수 있는 능력만 있다면 말이다. 이 많은 양의 에너지가 생산되려면 적어도 수십 년이 걸린다. 그래서 나무는 오래 살 수밖에 없다.

숲 생태계는 거대한 에너지 저장고나 다름없다. 지금까지 숲은 별 탈 없이 그 역할을 잘 감당해왔다. 그런데 빛은 또 다른 이유에서 중요한 존재다. 빛 에너지의 파장은 눈의 망막을 자극하여 정보로 전환된다. 대부분의 동물들은 시각이 발달하여 빛을 구별할 줄 안다. 빛을 인식하려면 일단 빛이 있어야 한다. 나무의 거대한 수관에는 최대 97%의 빛이 머무를 수 있다. 일단 이 사실은 제쳐두자. 빛 에너지를 시각에 사용하는 종들에게는 한 가지 문제가 있다. 하루 중 절반은 밤인데 밤에는 빛이 충분하지 않은 것이다. 희미한 별빛과 보름달의 환한 불빛이 어둠을 약간 덜어줄 뿐이다. 구름이라도 낀 날에는 별빛과 달빛마저 없기 때문에 칠흑 같은 어둠만 남는다. 자연은 과연 어떻게 이 악조건을 현명하게 이용할까?

그런데 밝은 곳이 아닌 '조명을 꺼야' 사는 야행성 동식물도 있다. 이들이 야행성 생활을 하게 된 데에는 갖가지 사연이 있다. 어떤 꽃들은 경쟁을 피하고 싶어서 밤에만 꽃을 피운다. 낮에는 수많은 약초, 덤불, 나무들이 서로 눈에 띄려고 아우성이다. 이들의 구애 대상은 수분을 돕는 벌레들이다. 벌들은 일정한 수의 꽃에만 다가갈 수 있다. 반면 식물들은 곤충의 관심을 받아보겠다고 안달이다. 구애에 실패한 식물들의 꽃은 씨앗을 만들지 못하고 그냥 떨어진다. 이런 굴욕을 당하지 않기 위해 꽃들은 안간힘을 쓴다. 고운 빛깔로 단장하며 자신의 모든 것을 내던진다. 이것으로도 부족하다 싶으면 식물들은 달콤한 신호물질을 발산하여 곤충을 유혹한다. 우리의 코끝에 닿는 향긋한 냄새는 꽃들이 곤충들의 환심을 사기 위해 맛좋은 화밀을 먹으러 오라고 보내는 신호인 셈이다.

이 꽃들은 낮에는 화려한 시각과 청각 신호를 동원하며 곤충들을 대놓고 유혹한다. 그런데 개화 시간은 밤이다. 달맞이꽃과 메꽃과 밤나팔꽃의 경우 편차가 있다. 해질녘 대부분의 꽃들은 활동을 중단하기 때문에 경쟁이 잦아든다. 온갖 꽃들의 유혹에 정신을 못 차리던 곤충들이 소수의 꽃들에게 집중할 수 있는 시간이 온 것이다. 유감스럽게도 벌들은 대부분의 꽃들처럼 밤이면 활동을 중단하고 휴식을 취한다. 그리고 벌집으로 돌아가 낮에 모은 식량을 꿀로 만들어 저장하는 데 시간을 보낸다.

나방처럼 낮에는 움츠리고 있다가 밤에 활동을 개시하는 곤충들도 있다. 사실 나는 '나방'이라는 단어를 별로 좋아하지 않는다. 나방에 대한 안 좋은 기억이 남아 있기 때문이다. 우리 가족들도 아마 그럴 것이다. 몇 년 전 스웨덴에서 휴가를 보내고 집에 돌아왔을 때의 일이다. 차에서 짐을 내리고 숨 좀 돌리려고 소파에 앉았는데 작은 나방 한 마리가 윙윙거리면서 내 주변을 맴돌았다. 불현듯 불길한 예감이 들어 카펫 모서리를 살짝 들어올려봤다. 정말 징그러워 죽을 뻔했다! 카펫에 달라붙어 우글대고 있던 수천 마리의 유충들이 눈처럼 흩날렸던 것이다. 나는 부랴부랴 카펫을 돌돌 말아 차고에 내동댕이쳤다. 지금도 나는 나방이 날개를 팔락거리는 모습만 봐도 그 카펫이 연상되면서 찝찝한 기분이 스멀거린다.

　그래서 나는 이 야행성 나비들을 나방이 아니라 '밤나비'라고 부르는 걸 좋아한다. 중부 유럽 지역에 서식하는 나비 중 4분의 1이 이 밤나비들이다. 이 밤나비들은 주행성 나비만큼 겉모습이 화려하지 않다. 물론 여기에도 다 이유가 있다. 주행성 나비들의 화려한 색채는 동종과 천적에게 보내는 일종의 신호다. 밤나비들의 신호 전략은 이와는 정반대다. 살아남기 위해 되도록 눈에 띄지 않고 주변 사물과 잘 구분 되지 않도록 위장 전략을 쓴다. 밤나비들은 낮에는 나무의 수피 같은 곳에 달라붙어 있는데 이것도 새들의 눈에 띄어 먹히지 않기 위한 전략이다.

　밤이 되면 야행성 식물의 사랑스런 꽃받침이 열린다. 밤에는 새들도 잠을 자야 하니 새들에게 공격을 당할 위험이 적기 때문이다. 식물의 세계에서도 어둠은 매력적인 존재가 아니다. 야행성 식물들이 밤에 활동하는 것은 포식자의 공격을 피하기에 좋기 때문이다. 생태계에서 이러한 상호작용은 수백만 년 전부터 꾸준히 이어져 내려왔고 여기에 맞춰 포식자들도 먹이잡이 환경에 적응해왔다.

따뜻한 계절이면 작은 박쥐들이 나비 뒤를 바짝 뒤쫓는다. 이 녀석들은 빛이 부족한 밤에 활동하기 때문에 초음파로 먹잇 감을 찾는다. 박쥐들은 날카로운 울음소리와 대상물에 반사된 음파의 도움으로 머릿속에 대상물의 이미지를 만들어낸다. 나는 박쥐들이 이런 방법으로 사물을 '보는' 것이 충분히 가능한 일이라고 생각한다.

학자들은 밤의 사냥꾼인 박쥐들이 되울려 퍼지는 메아리의 차이를 통해 자기 앞에 무엇이 있는지 인식한다고 한다. 나무에서 나뭇잎이 떨어질 때와 나비가 날갯짓을 할 때는 다른 음파 패턴이 생성된다. 박쥐들은 심지어 두께가 0.05mm밖에 안 되는 전선의 음파를 감지한다. 낮의 밝은 빛 속에서 눈으로 대상을 보는 우리들보다 박쥐 같은 야행성 동물들이 주변을 훨씬 더 섬세하게 '볼 수 있다'.[32] 인간의 시력은 대상물에 반사된 빛의 파장을 수용하는 것이다. 이것과 마찬가지로 박쥐들은 빛이 아닌 초음파의 파장을 이용하는 것뿐이다.

박쥐의 울음소리가 전파되는 속도는 우리가 산에서 '야호' 하고 외쳤을 때 메아리가 울리는 속도처럼 느리지 않다. 박쥐들의 울음소리가 울리는 간격은 매우 짧다. 대략 1초에 100개의 소리를 내보낸다.

이 소리는 최고 130dB까지 올라갈 수 있다. 인간의 가청 범위 내에서 불쾌감을 주는 소리의 청각 문턱 값이 바로 130dB

다. 그런데 초고음은 저음보다 공기 중에서 빨리 흡수된다. 100m 이상의 높은 곳으로 올라가면 소리를 거의 들을 수 없는 것이 이 때문이다. 여름밤마다 크게 울어대는 소리가 숲속과 목초지 위에 그대로 머물러 있다.

빛의 파장 반사를 차단시키는 방법, 쉽게 말해 자신의 모습을 들키지 않는 방법이 있다. 주위환경과 구분되지 않는 한 가지 색소만 있으면 된다. 초음파일 때도 마찬가지다. 정체를 감추기 위해 날개에서 메아리를 되도록 반사시키지 않는 것이다. 작동 원리를 알고 싶다면 산에 올라가 직접 실험해보길 바란다.

산중턱에 심긴 나무 수가 적을수록 '야호' 소리가 잘 울린다. 나무가 울창한 숲에서는 아무리 소리를 크게 외쳐도 웬만해선 메아리가 울리지 않는다. 나무줄기와 수관에서 소리를 흡수해버렸기 때문이다. 밤나비들은 이러한 소리 차단 효과를 노리고 자기 몸에 '작은 숲'을 만든다. 이때의 모습은 마치 모피 코트를 입은 나비 같다. 이 '털' 때문에 음파가 깨끗하게 흡수되지 않고 다양한 방향으로 흩어진다. 그래서 박쥐는 선명한 이미지를 인식할 수 없다. 하지만 이 효과도 생각만큼 강력하지는 않다. 그래서 밤나비들은 박쥐들에게 잡히지 않기 위해 다른 기술을 개발해야 한다.

밤나비와 박쥐는 늘 '군비 경쟁'을 하고 있다. 경쟁에서 지지 않으려고 다른 종의 나비들을 모셔오기도 한다. 이 나비들은 아주 높은 고음을 들을 수 있다. 한마디로 초음파를 인식하는 것이나 다름없다. 박쥐가 먹이 사냥을 할 때 낼 수 있는 가장 높은 음파는 212kHz다. 인간의 청각으로는 20kHz 이상의 주파수가 내는 소리를 인식하지 못한다. 얼마나 고음인지 감이 오는가?

대부분의 밤나비들은 우리보다 더 높은 음의 소리까지 들을 수 있다. 물론 박쥐들의 주파수 영역에 근접하지 못하는 나비들도 있다. 박쥐들은 날갯짓을 할 때 거의 소리를 내지 않는다. 따라서 이런 밤나비들은 박쥐들이 다가오는 소리를 들을 수 없기 때문에 위험을 감지할 수 없고, 박쥐들의 갑작스런 공격에 매우 놀란다.

영국 리즈대학교University of Leeds 한나 모이어Hannah Moir 연구팀에 의하면 모든 종들이 이렇게 행동하는 것은 아니다. 연구결과 부채명나방Galleriinae은 최대 300kHz의 소리를 내며 위치를 파악할 수 있다고 한다. 이것은 동물의 세계에서는 최고 기록이다. 놀랍게도 부채명나방은 귀의 구조가 아주 단순하다. 녀석들의 귀는 4개의 청각 세포가 연결되어 있는 막 하나로만 구성되어 있다. 우리의 신체와 비교해보면 인간의 귀에는 막 이외에 다른 기관도 있다. 음파를 신경 자극으로 전환시킬 때만 2만 개의 털 세포가 작용한다.

모이어 연구팀이 보고했듯이 부채명나방이 낼 수 있는 소리의 주파수는 박쥐의 주파수 영역을 훌쩍 넘어선다. 박쥐는 대개 200kHz 이상의 소리를 내지 않는다. 부채명나방이 굳이 300kHz나 되는 주파수 생성 능력을 갖추고 있는 것은 왜일까? 나중에는 이 방어 능력을 보완할 수 없기 때문이다. 하지만 높은 영역의 주파수를 생성할 수 있다고 해도 유리한 건 아니다. 그래봤자 공기 중으로 흡수되는 소리가 많아서 메아리를 만들어 위치를 파악하는 데 큰 도움이 되지 않는다.

부채명나방이 이런 탁월한 능력을 개발시킨 이유가 있을까? 학자들은 여기에는 전혀 다른 의도가 숨어 있을 것이라 판단한다. 예를 들어 부채명나방은 짝짓기 상대를 찾기 위해 높은 주파수를 사용한다. 부채명나방이 이성을 유혹하는 소리는 박쥐가 위치를 파악하는 영역 내에 있다. 하지만 박쥐의 귀의 구조는 매우 단순하며, 부채명나방은 짧은 간격의 연속적인 신호를 빠르고 효과적으로 분산시킬 수 있다. 이것은 다른 나비종보다 무려 6배나 빠른 속도다. 그래서 부채명나방의 암컷과 수컷은 방해받지 않고 사랑을 나눌 수 있다. 또한 적들이 자신들을 쫓는 소리를 명확하고 뚜렷하게 들을 수 있기 때문에 몸을 안전한 곳으로 숨길 수 있다.[33]

부채명나방만 박쥐의 공격에 대비할 수 있는 능력을 갖고 있는 것은 아니다. 많은 밤나비들이 박쥐의 위치를 추적하여 방해음을 생성할 수 있는 능력을 갖추고 있다. 이들은 초음파 영역의 '틱틱틱' 하는 클릭음을 방출하여 자신을 공격하기 위해 날아오는 박쥐들에게 혼란을 준다. 밤나비들은 사부작거리는 소리를 내면서 박쥐들의 레이더 이미지에서 사라진다. 불나방과 곤충인 불나비는 박쥐들이 끔찍하게 싫어하는 '살인 소음'을 만든다.

적이 다가오는 소리를 감지했을 때 나방들은 어떻게 자신들의 몸을 보호할까? 밤나비들이 곤충보다는 민첩하지만 박쥐의 비행 속도도 곤충들보다 훨씬 빠르다. 밤나비들은 위험이 가까이 다가왔을 때 단순한 보호 전략을 쓴다. 초음파음을 들을 수 있는 나비종들은 적들이 자신을 찾아다니는 소리를 듣자마자 기겁을 하고 바닥에 납작 엎드린다. 풀밭에 납작 엎드려 있으면 박쥐들은 먹잇감을 제대로 감지할 수 없다.

박쥐들은 낮에는 쫄쫄 굶고 있다가 밤이 되면 포식을 한다. 박쥐가 좋아하는 먹잇감에는 모기가 항상 포함되어 있다. 박쥐들은 자신의 몸무게의 절반 분량이나 되는 무게만큼 모기를 잡아놓는다. 개수로 환산하면 4,000마리다.

생태계는 쫓고 쫓기는 관계가 미세하게 균형을 이루고 있으며 각 구성원에게 걸맞게 기회가 주어진다. 그런데 인간이 만들어낸 인공조명이 생태계의 민감한 균형을 깨뜨리고 있다. 어두운 밤을 밝히는 자연 조명은 달뿐이다. 동물들은 밤하늘에 비치는 달빛에 의지하여 길을 찾는다. 달이 동물들에게는 일종의 나침반과 같은 역할을 하고 있는 셈이다. 밤하늘을 헤집고 다니는 밤나비들은 별자리와 일정한 각도를 유지하는 데 주의하며 직진 비행을 한다. 밤나비들의 비행 각도는 기가 막히게 정확하다. 안타깝게도 이것은 밤나비들이 조명등 불빛을 가로질러 날아다니기 전까지의 일이었다.

자연 상태에서 나방은 불빛을 가로질러 날아다니지 않는다. 밤나비들은 조명등을 달이라고 착각하기 때문에 이런 일이 발생한 것이다. 이제 밤나비들은 달이 자신들의 오른쪽에 위치하도록 경로를 유지하며 날고 싶어도 그렇게 할 수 없다. 별자리가 바뀌거나 문제가 생겼기 때문이 아니다. 사소한 변화가 생긴다 해도 지구와 별 사이 거리는 너무 멀기 때문에 티도 안 난다. 가까운 곳에 조명등이 있으면 밤나비들이 불빛 옆을 지나가게 되고 그러다보면 광원이 밤나비들의 뒤에 놓인다. 밤나비들은 계속 비행 경로를 수정한다. 이러한 경로 수정 명령 때문에 회전 경로가 점점 좁혀진다. 경로의 종착점에서 밤나비들은 결국 조명등과 충돌한다. 밤나비들은 실패를 만회하기 위해 새로운 시도를 거듭하지만 모든 것이 수포로 돌아간다.

밤나비들은 이렇게 길을 잃고 헤맨다. 그러다가 일부는 탈진해서 죽고 일부는 때 이른 죽음을 맞이한다. 그 틈을 타 수많은 박쥐들이 가로등 주변의 나비를 정찰하는 능력을 키워놨기 때문이다. 박쥐들은 야생 속에서 살 때보다 먹고살기 편하다.

밤나비들이 가로등을 달이라고 착각하고 헤매는 모습을 지켜보다가 그냥 잡아먹으면 되기 때문이다. 저녁에는 가정집 창문 사이로 새어나오는 불빛 때문에 또 다른 광경이 펼쳐진다. 아내와 나는 실제로 이 모습을 관찰한 적이 있다. 우리는 편안한 마음으로 거실 소파에 앉아 영화를 보고 있었다. 그러다가 창문 쪽으로 고개를 돌렸더니 밤나비들이 모여드는 모습이 보였다. 잠시 후에 박쥐의 그림자가 쓱 스치고 지나갔다. 그러자 어느새 밤나비들이 사라지고 없었다.

인공조명으로 인해 방향 감각을 잃은 동물들이 또 있다. 이 녀석들도 밤나비처럼 뭔가에 홀린 듯 가로등 불빛에 이끌린다. 이 불빛은 언뜻 보면 친환경적인 분위기가 물씬 풍긴다. 가로등의 맨 윗부분에는 태양 전지가 부착되어 있다. 에너지 활용을 위한 장치이므로 환경적인 측면에서는 옳다. 문제는 이 불빛이 아무 생각 없이 밤새 켜져 있다는 것이다. 거미들은 거미집을 실컷 만들 수 있으니 신이 났을 것이다. 문제는 이 상태가 지속되면 거미 밥이 된 곤충이 많아져 가로등 주변 곤충 생태계에 변화가 생긴다는 것이다. 가로등 하나 정도는 괜찮지만 주택가에 설치된 수천 개의 가로등은 큰 영향을 끼칠 수 있다. 인간은 오래전부터 어둠을 밝히기 위해 이렇게 '추가 광원'을 만들어왔다.

한편 무더운 여름밤 숲 가장자리 지역과 관목림 주변에는 수천 개의 작은 녹색 불빛이 반짝거린다. 그 주인공은 다름 아닌 반딧불이다. 반딧불이는 어둠속에서 빛을 내는 능력을 가지고 있다. 반딧불이의 불빛은 타오르는 촛불보다 수천 배나 어둡지만 빛 에너지로 전환시키는 능력만큼은 독보적이다. 인간의 기술로는 전기 에너지의 최대 85%를 빛으로 전환시킬 수 있는 반면, 반딧불이는 에너지의 최대 95%를 빛으로 전환시킬 수 있다. 그런데 반딧불이가 이만큼의 에너지 절감 효과에 도달하기 위해 필요한 것이 있다. 불빛을 낼 때 성충은 아무것도 먹지 않는다. 대부분의 경우에 그렇다. 그 차이가 얼마나 큰지 뒤에서 다시 설명하겠다.

불벌레라고도 불리는 반딧불이들이 야간 불빛 쇼를 여는 목적은 사랑을 얻기 위한 것이다. 그렇다면 불빛은 붉은색이어야 한다. 가장 흔한 종인 애반딧불이의 경우 암컷들이 먼저 바닥에서 불빛을 낸다. 밤에는 성충들만 불빛을 낼 수 있다. 암컷들은 날개의 성장이 멎은 지 오래되어 날 수 없다. 담황색 꽁무니는 작은 벌레처럼 생겼고 조명 시설을 달고 있는 것처럼 보인다.

암컷들은 수컷을 탐색할 때 불빛을 낸다. 수컷은 날 수 있기 때문에 자신의 짝이 있는 곳을 찾아 날아갈 수 있다. 반딧불이의 신체는 두 부분으로 나뉘는데 한 부분은 투명한 키틴 갑각으로 이뤄져 있다. 투명한 키틴 갑각에서 꽁무니로 빛을 쏘아 보낸다. 수컷들은 위로 불빛을 쏘며 호시탐탐 잡아먹을 기회만 노리는 적들로부터 자신을 지키는 한편, 아래로 불빛을 쏘며 "내가 얼마나 멋있는지 놈인지 한번 봐줘!"라고 말하는 것처럼 암컷들에게 유혹의 신호를 보낸다. 구애를 받아들인 암컷은 불빛으로 답한다. 암컷이 같이 밤을 보내자고 신호를 보내면 수컷은 암컷에게로 득달같이 달려와 바로 사랑을 나눈다. 둘이 뜨거운 밤을 보낸 후 암컷은 알을 낳는다.

알을 깨고 나온 유충들은 엄청난 식탐을 가진 녀석들이다. 유충들은 특히 달팽이를 좋아하는데 자신 몸무게의 15배에 달하는 '달팽이 고기'를 너끈히 먹어치운다.34 유충들이 한 입만 물어도 달팽이는 즉사한다. 유충들은 이렇게 죽인 달팽이를 천천히 음미하며 먹는다. 워낙 식탐이 많은 녀석들이라 배가 터지기 직전까지 달팽이를 먹어치운다. 배를 빵빵하게 채우고 슬슬 나른해진 유충들은 낮잠 삼매경에 빠진다. 엄청난 양을 먹어댔으니 소화 시간도 오래 걸릴 수밖에! 이 작은 녀석들이 먹은 것을 완전히 소화시키려면 적어도 며칠은 걸린다.

반딧불이의 종에 따라 차이는 있지만 유충에서 성충으로 자라는 기간은 3년 정도다. 성년이 된 반딧불이는 단 며칠 동안 불꽃 같은 삶을 살다가 생을 마감한다. 이런 면에서 '불벌레'라는 이름처럼 반딧불이의 삶이 잘 반영된 표현도 없다. 수컷은 짝짓기를 한 다음, 암컷은 알을 낳은 다음 바로 죽는다. 반딧불이는 환락의 절정을 만끽하며 마지막 남은 생애를 불태운다. 이

것은 그나마도 계획에 차질이 없을 때만 가능한 일이다. 자연의
세계에는 남이 잘되는 꼴을 못 보는 훼방꾼들이 있기 마련이다.

반딧불이들에게는 사랑을 불태우기 위한 아름다운 조명이
다른 종의 동물들에게는 이기적인 목적으로 악용된다. 뉴질랜
드와 호주에는 발광벌레속 모기의 일종인 글로웜glowworm이 있
다. 글로웜도 반딧불이처럼 빛을 낼 수 있다. 글로웜은 동굴 속
에서 사는데 천장에 무리를 지으며 모여 있다. 동굴 안은 바람
이 없고 어둡다. 글로웜이 서식하기에 완벽한 이 조건은 오로지
뉴질랜드 북섬에 있는 석회암 동굴인 와이토모 동굴Waitomo Caves
만이 제공할 수 있다. 여기서 유충들은 작은 방울들을 모아 끈
적끈적하고 긴 실을 자으며 빛을 내기 시작한다.35 이 경이로운
모습 때문에 와이토모 동굴은 관광 명소가 되었다. 동굴을 방문
하는 손님 중에 유료 투어 관광객만 있는 것이 아니다. 동굴 천
장에서 깜빡거리는 작은 불빛을 하늘에 있는 별이라고 착각하
고 '무료로' 방문한 곤충들도 있다. 곤충들은 하늘인 줄 알고 신
나게 날아다닌다. 그러다가 끈끈한 물질로 꼰 실에 걸려들어 결
국 유충들의 뱃속에서 생을 마감한다. 학자들은 유충들의 발광
성은 유충들이 배고픔을 많이 느낄수록 강하다는 사실을 발견
했다.

북아메리카 반딧불이의 일종인 포투리스Photuris는 더 비열한
목적으로 불빛을 사용한다. 반딧불이는 빛을 이용하여 관심을

다른 데로 돌리는 다양한 기술을 발전시켜왔다. 이들이 낼 수 있는 빛의 종류도 다양하다. 가령 그냥 불빛만 깜빡거리면 짝짓기 상대를 찾을 때 엉뚱한 상대에게 신호가 전달될 수 있다. 이런 사태를 방지하기 위해 포투리스는 일종의 모스 부호인 깜빡이 신호를 개발했다. 반딧불이의 깜빡이 신호에는 박자와 주파수가 있기 때문에 자신만의 독특한 신호를 만들 수 있다. 반면 인간의 모스 부호에는 온/오프, 장/단밖에 없다. 반딧불이가 우리의 모스 부호를 본다면 그야말로 원시적인 수준으로밖에 보이지 않을 것이다. 반딧불이의 깜빡이 신호의 경우, 초당 광펄스light pulse가 최대 40이고 조명의 강도에 따라 다양하여 인간의 모스 부호보다 훨씬 다양한 신호를 생성할 수 있다.36 인간들이 재미있는 신호를 만들어 보내며 사랑을 찾는 것처럼, 포투리스도 다양한 신호를 보내며 한순간의 사랑을 찾는 종이다.

암컷은 다른 종들의 깜빡이 신호를 모방하여 수컷을 유혹한다. 이 신호를 받은 수컷은 쏜살같이 암컷에게 날아온다. 막상 수컷이 암컷에게 도착하면 달달한 분위기는 온데간데없다. 암컷은 수컷을 잡아먹으려고 탐욕스럽게 주둥이를 쩍 벌리고 있다. 암컷은 단순히 열량을 공급받기 위한 목적으로 수컷을 원하는 것이 아니다. 체내에 독을 만들어놓아야 하기 때문이다. 암컷은 수컷을 잡아먹어야 그 독을 합성할 수 있다. 반딧불이의 천적인 거미들은 암컷 포투리스가 수컷에게 보내는 신호를 동시에 감지하고 암컷의 은밀한 유혹이자 저녁 초대에 쫓아온다. 암컷 포투리스는 거미로부터 자신의 몸을 보호하기 위해 독을 지니고 있어야 하는 것이다.[37]

빛으로 유혹하는 기술은 곤충에게만 있는 것이 아니다. '깊은 바다에서 낚시를 하는 물고기'라는 의미의 심해아귀는 이름값을 한다. 실력 있는 낚시꾼인 심해아귀는 머리를 박고 앉아서 주둥이 앞에 관 형태의 발광기를 매달아놓는다. 주둥이에는 바늘처럼 가늘고 칼처럼 날카로운 이빨이 박혀 있다. 그곳에서 나오는 빛이 다른 물고기를 마법으로 홀리듯 유혹한다. 끝이 어떻게 될지는 상상에 맡기겠다.

어부들이 조업을 할 때도 불빛의 유인 효과를 사용한다. 실제로 일본에서는 이 방법을 이용해 대규모 조업을 한다. 육지에서나 물에서나 빛에는 무언가를 끌어들이는 엄청난 마력이 있다. 자, 이 이야기는 이쯤에서 마무리하고 인간이 만든 인공조명의 문제점으로 다시 돌아가자.

밤에 상공에서 지상을 내려다보면 얼마나 많은 곳에 인공조명이 설치되어 있는지 한눈에 알아볼 수 있을 것이다. 너무 많아 입이 쩍 벌어진다. 멀리 갈 것도 없이 저녁 퇴근길 현관문에 들어서기 전 하늘을 한번 보라. 우리가 얼마나 많은 인공조명을 사용하고 있는지 쉽게 확인할 수 있다. 혹시 맑은 날 저녁에 은하수를 본 적이 있는가? 은하수가 어떻게 생겼는지도 모른다면 주변이 인공 광원으로 꽉 차 있다는 뜻이다. 이런 상황에서는 별들이 아름답게 줄지어 있는 모습은 볼 수가 없다.

대기오염으로 인해 광입자가 산란되면서 시계視界는 더 흐려졌다. 맨눈으로 볼 수 있는 별의 수가 3,000개에서 50개로 줄어들었다. 그렇다면 불벌레의 부드러운 불빛 신호도 별빛처럼 흐려지지 않을까? 인공조명은 동물의 세계에도 부정적인 영향을 끼친다. 인공조명이 많을수록 착오가 많이 발생하여 발광 생물들의 작업 성공률이 떨어진다.

이러한 착오 현상은 치명적인 결과를 초래할 수 있다. 알에서 갓 깨어난 바다거북은 달빛으로 출렁이는 파도를 이용하여 방향을 찾는다. 모래 속에 몸을 숨기고 있다가 세상으로 나온 바다거북이 탐욕스런 포식자들에게 잡아먹히지 않으려면 빨리 방향을 잡고 도망쳐야 한다. 그런데 해안이나 호텔의 산책길에 밝은 조명이 길게 늘어져 있으면 문제가 생긴다. 아기 바다거북은 인공 광원 때문에 방향 감각에 혼란이 온다. 그래서 포식자로부터 안전한 바다와 점점 멀어진다. 끝내 바다로 돌아가지 못한 아기 바다거북은 다음날 갈매기에게 잡아먹혔거나 지쳐 쓰러져 죽게 된다.

전기 조명으로 인해 정반대의 기상 현상이 일어나기도 한다. 예전에는 밤하늘이 선명하고 깨끗했기 때문에 달빛과 별빛이 아무런 방해를 받지 않고 지상으로 떨어질 수 있었다. 우리 눈은 몇 분만 지나면 어둠에 적응되기 때문에 깜깜한 밤에도 바깥에서 산책을 할 수 있었다. 예전에는 밤하늘이 맑아서 밤은 칠흑같이 어두웠다. 지금은 기상에도 변화가 일어나 구름이 자주 낀다. 이 구름이 도시의 조명을 외곽 지역까지 반사시켜 예전보다 밤이 훨씬 밝다. 밝은 밤하늘은 인간에게도 동물에게도 이롭지 않다. 밤에 불을 켜고 자는 것을 좋아하는 사람이 있을까?

인공조명은 우리 인간에게도 부정적인 영향을 끼친다. 우리 몸 안에는 빛으로 조절되는 생체 시계가 있다. 그런데 시계의 핵심 장치인 청색광은 인간의 수면과 피로감에 영향을 준다. 우리 눈에는 멜라놉신이라는 광색소가 있다. 우리 눈에 청색광이 들어오면 뇌는 낮이라는 신호로 인식한다. 이러한 뇌 신호체계는 아주 잘 작동된다. 해가 지고 저녁이 되면 빛의 스펙트럼이 적색으로 이동하면서 우리는 저절로 피로해진다.

매일 밤 일찍 잠자리에 들지 않고 텔레비전 앞에 매달려 있으면 문제가 생긴다. 텔레비전의 깜빡이는 불빛에는 낮의 신호인 청색광이 아주 많이 포함되어 있기 때문이다. 불면증에 시달리는 사람들이 많은 것도 당연하다. 우리의 체세포는 텔레비전 앞에서 최대 성능을 발휘하도록 적응한 상태이기 때문에 밤에는 제 기능을 발휘하지 못한다. 이에 대해 문제의식을 느낀 스마트폰 제조업체들은 고객들이 휴대폰 화면에 피로해지지 않도록 일정 시간이 지나면 화면 컬러가 자동으로 조절되는 기능을 개발했다.

그렇다면 동물들의 세계는 어떠한가? 원치 않는 과도한 조명으로부터 생물을 보호할 수 있는 방법은 없을까? 누구나 최소한의 노력은 할 수 있다. 밤마다 창문에 블라인드를 내려서 빛을 차단하면 된다. 이 정도만으로도 인공조명을 줄이는 데 큰 도움이 될 수 있다. 또 한 가지 방법은 밤에 정원 조명을 켜지 않는 것이다. 나는 관사 진입로의 조명등에 자동 센서를 설치하여 필요한 경우에만 자동으로 조명이 켜지도록 해놓았다.

야간 조명의 대부분은 가로등이다. 요즘에는 대부분의 가로등이 반사가 잘 되는 주홍색 빛으로 바뀌었다. 그런데 이 주홍색 불빛 때문에 문제가 더 심각해졌다. 사실 나도 창백한 백색의 네온등이 현대식 에너지 절감형 나트륨등으로 바뀔 때 무척 반가웠다. 그런데 주홍색 불빛이 많아지면서 구름 아랫부분까지 붉게 물들어갔다. 실제로 나는 본에서 40km 떨어진 외곽 지역에 있을 때 밤에도 구름이 붉게 물들어 있는 현상을 목격했다. 밤하늘이 밝아지는 이유는, 도시는 늘어나는데 이 문제를 덜어줄 수 있는 가로등은 교체되지 않기 때문이다. 요즘에는 주홍색 불빛에서 에너지 절약형 LED램프로 교체되고 있다. LED 램프는 다른 램프에 비해 빛의 집중도가 좋다. 쉽게 말해 넓게 퍼지지 않고 아래로만 향한다. 그리고 자정 이후에는 끌 수도 있다. 이 정도면 상당한 성과다.

여전히 조명과 관련하여 개선되어야 할 부분이 많다. 한낮의 햇빛은 환경보호, 특히 하늘에 바람직한 영향을 주고 있다. 아름다운 가을 하늘이 사라지면 놀랍게도 에스파냐의 소시지 생산량이 줄어들게 된다. 그 이야기로 넘어가보자.

검은목두루미와
소시지 생산량의
상관관계

고래잡이나 물개, 바다표범과 같은

기각류 사살 반대 운동 등을 생각해보자.

대중들이 이렇게 큰 소리로 부르짖으며 반대하는 이유가 무엇인가?

동물에 대한 연민 때문이다.

연민의 감정이 클수록 동물과 더 가까워진다.

동물을 피부로 느낄 수 있는 사람만이 동물에 대해

끈끈한 정을 느끼고 보호해줄 수 있다.

나는 매년 가을, 검은목두루미가 돌아오길 손꼽아 기다린다. 두루미 떼들의 행렬을 이끄는 웅장한 울음소리는 트럼펫처럼 수십 킬로미터 떨어진 거리에서도 들을 수 있다. 그동안에 나는 닫힌 거실 창문을 통해 저 멀리서 들려오는 두루미 떼들의 소리를 기록한다. 습지 재경작 등 환경보호 개선 조치 덕에 지난해 두루미 개체수가 급증하여 최근에는 멸종위기 상태를 벗어났다. 종일 관사 위로 두루미 떼들의 행렬이 줄을 잇는다. 간혹 낮게 나는 놈들도 있어서 날개를 푸드덕거리는 소리를 들을 수 있다.

계절이 바뀔 때마다 두루미들이 저 먼 나라로 날아갈 수 있는 힘은 어디에 있을까? 이 녀석들은 어떻게 이동경로를 찾을까? 철새의 이동은 세계적인 현상으로, 매년 약 500억 마리의 철새들이 이동 행렬에 참여한다. 끊임없이 큰 무리의 철새들이 도착한다. 여름에서 겨울, 겨울에서 초봄, 우기에서 건기로 어딘가에서 계절의 변화가 일어나고 있기 때문이다. 이에 맞춰 철새들의 기본 식량도 바뀐다.

독일 서부 라인란트팔츠주의 이곳 아이펠 고원에 추위가

찾아오면 모든 곤충들은 동면기에 들어갈 준비를 한다. 곤충들은 토양 깊은 곳이나 나무의 단단한 수피 아래에서 잠을 잔다. 어떤 곤충들은 따뜻한 홍개미들의 집에서 편하게 잠을 청한다. 새들은 이렇게 은신처에 숨어버린 곤충들을 찾기 힘들다. 새들의 먹잇감 신세인 대부분의 다른 작은 동물들도 겨울이면 모습을 감춘다. 그래서 수많은 종의 새들이 더 따뜻하고 먹을 것이 많은 들판을 찾아 이동한다.

대부분의 학자들은 철새들의 이동 본능이 유전 정보에 들어 있다고 생각한다. 나는 이런 주장을 접할 때마다 철새들이 어디서 와서 어디로 갈지 스스로 생각하지 못하고 프로그래밍 되어 있는 코드에 따라 움직이는 일종의 바이오로봇처럼 느껴진다.

에스토니아 출신 생태학자 칼레프 셉Kalev Sepp과 동료인 아이바르 레이토Aivar Leito는 철새들에게도 사고 능력이 있다는 사실을 확인했다.[38] 이들은 1999년부터 고국에서 온 검은목두루미 몇 마리에 위치 추적 장치를 달고 이들의 이동경로를 추적했다. 놀랍게도 이 두루미들은 3번이나 경로를 변경했다. 이것은 유전자에 이동경로가 정해져 있다는 주장과 반대되는 연구결과였다. 물론 나이든 철새들의 이동경로를 습득하여 가능했던 일일 수도 있다. 이 주장도 현재 학계에서 통용되고 있다. 셉은 철새들이 알을 낳고 먹이를 구하기 좋은 장소에 관한 정보를 서로 교환할 수 있다고 보고 있다. 이 맥락에서 이야기를 시작해보려고 한다.

검은목두루미들은 매년 약속이나 한 듯 특별한 장소에 찾아 날아온다. 공교롭게도 이 장소가 소시지 생산지다. 물론 두루미들이 소시지 생산에 직접적인 훼방꾼 노릇을 하는 것은 아니다. 왜냐하면 새들은 원래 돼지에 관심이 없기 때문이다. 물론 새들의 머릿속에는 에스파냐와 포르투갈에 가면 맛좋은 먹이가 자신들을 기다리고 있다는 정보가 들어 있다. 이것은 바로 참나무 열매인 도토리다. 특히 에스파냐 에스트레마두라 지방의 서양호랑가시나무*에는 맛있는 열매가 주렁주렁 매달려 있다. 이곳에서 두루미들은 에너지를 비축하고 배불리 먹으며 겨울나기를 한다. 에스트레마두라 지방의 다른 거주자들, 즉 이 지역 정착 농민들도 서양호랑가시나무 열매로 두루미들을 배불리 먹일 수 있다는 것을 축복으로 여긴다.

그 유명한 이베리코 돼지로 '하몽 이베리코 데 베요타Jamón Ibérico de Bellota'라는 이베리코 참나무 소시지를 만든다. 대부분의 이베리코 돼지들은 친환경적 방식으로 사육된다. 이들은 서양호랑가시나무 숲에서 약초와 도토리의 절반가량을 해치우면서 영양 보충을 한다. 예전에 중부 유럽 지역에서도 비슷한 일이

---

* 상록활엽수로 단단한 잎에는 날카로운 가시가 있고 9~10월에 붉은 열매가 달린다. 크리스마스 장식용으로 자주 활용된다.

있었다. 가을이면 돼지들을 숲으로 데려가 도토리와 너도밤나무 열매를 먹여 살을 찌웠다. 특히 이렇게 살찌운 돼지의 비계에는 엑스트라 버진 올리브유에 있는 단일포화지방이 들어 있다. 이때부터 특별히 돼지에게 먹일 참나무와 도토리를 대량 생산했는데, 그 시기를 일컬어 "살찌우는 해"라고 불렀다. 대개 주기는 3~5년 사이였다.

다시 에스트레마두라 이야기로 돌아가자. 이 지역에서 예전에는 서양호랑가시나무가 원시림의 대부분을 차지하고 있었다. 이베리아 반도에서 문명이 시작되고 수천 년이 흐르는 동안 대부분의 숲은 벌목되었다. 그리고 다른 종의 나무를 심으면서 이 지역 경관이 바뀌었다. 다양한 침엽수림을 심었으며 그 외에도 유칼립투스나무가 점점 많아졌다. 원래 성장속도가 매우 빠른 유칼립투스나무는 토종인 참나무보다 더 빨리 자랐다. 그 덕분에 목재 생산량이 증가했다.

이러한 변화는 이 지역 토종 생태계에 재앙이었다. 특히 유칼립투스나무 경작은 자연보호주의자들에게는 '녹색 황무지'로 통한다. 상쾌한 맛을 내는 목 사탕의 원료로 휘발성인 정유精油 때문에 산불 발생 횟수가 폭발적으로 증가한 것이다. 남부 유럽과 산불은 이제 익숙한 조합이 되어버렸다. 토종 환경에서는 있을 수 없는 일이지만 말이다. 자연 상태에서 활엽수림은 불에 잘 타지 않는다. 그래서 원래 활엽수림 지역이었던 이 위도 지역의

검은목두루미와 소시지 생산량의 상관관계

생태계에서는 산불이 잘 나지 않았다.

이 지역은 서양호랑가시나무가 많을수록 이득인 셈이다. 물론 현재 남아 있는 서양호랑가시나무는 원래 이 지역에서 서식하던 종이 아니고 농부들이 심은 것이다. 이 경우에는 목재를 얻기 위한 것이 아니라 돼지를 위한 참나무 생산이 목적이다.

그 다음에 끼어든 것이 검은목두루미다. 새가 열매의 일부를 가져가는 것 자체는 농부들에게 문제가 되지 않는다. 개체수가 얼마나 많은지가 문제다. 지난 수십 년 동안 검은목두루미 개체수는 급증했다. 세계자연기금WWF 통계 자료에 의하면 1960년대 독일에서 600쌍이었던 부화쌍이 현재는 8,000쌍에 달한다고 한다. 검은목두루미는 유럽 북부 지역과 동아시아 많은 지역에 널리 분포되어 있으며 현재 개체수는 30만 마리 정도 될 것으로 추정한다. 이 중 에스파냐 지역으로 이동하는 개체수가 증가하고 있다.

당연히 소시지 생산에 필요한 돼지의 먹이가 점점 줄어들 수밖에 없다. 이제 윤리적인 측면에서 진퇴양난에 빠진 것이다. 국민들은 돼지 사육을 하기 위해 참나무숲을 소유하고 가꿨다. 동시에 자신들이 두루미들의 겨울나기 먹이 제공자라고 생각해왔다. 그런데 돼지 사육으로 수익성을 낼 수 없게 된다면 국민들 입장에서는 참나무숲을 가꿀 의욕이 떨어질 수밖에 없다.

이 딜레마를 해결할 방안이 없을까? 나는 이 문제를 단순한 방법으로 해결할 수 있다고 생각한다. 에스파냐와 포르투갈에 활엽수를 더 많이 심으면 된다. 모두에게 이득이면서 가장 쉬운 방법이다. 물론 참나무는 유칼립투스나무나 소나무처럼 빨리 자라지 않는다. 게다가 기계로 가꿀 수도 없다. 하지만 참나무로는 훌륭한 목재를 생산할 수 있고 다른 경작림이 제공할 수 없는 먹이를 돼지에게 줄 수 있다. 게다가 산불 위험도 급격히 감소할 것이다. 이렇게 변화한 생태계는 또 다른 종의 동식물들에게 매력적일 것이다. 이 부분에 대해서는 아직 언급한 적이 없지만 참나무숲에는 청설모, 어치 이외에도 수천 종의 동식물에게 필요한 먹이가 있기 때문이다.

물론 민주주의 사회에서는 마음대로 숲에 나무를 심을 수 없도록 법령으로 금지하고 있다. 이 경우에는 보조금을 투입하는 것이 옳다. 이런 경우가 아니면 나는 보조금 투입에 반대하는 입장이지만 국가에서 보조금을 지원받아 기업형 대량 가축 사육으로 큰 수익을 거두는 모습을 볼 때, 보조금 지원으로 돼지 사육 농가와 두루미가 평화롭게 공존하며 살아갈 수 있다고 생각한다.

결국 생태계를 혹사시킨 장본인은 두루미가 아니었다. 남아 있는 참나무숲 면적이 줄어들어 생긴 문제였던 것이다. 언제 서양호랑가시나무가 많아질 날이 올까? 그렇다면 두루미 개체수가 폭발적으로 증가하지 않을까? 그렇지는 않다. 두루미 개체 수는 부화에 적합한 면적의 크기에 좌우되기 때문이다. 안타깝 게도 유럽에서 이러한 습지 지역이 점점 줄어들고 있어서 언젠 가 증가세가 멎을 것으로 보인다.

우리가 욕심을 조금만 버리면 모든 생물에게 넉넉한 공간 을 줄 수 있다. 이런 의미에서 검은목두루미는 훌륭한 환경 전 도사인 셈이다. 이 녀석들은 트럼펫 울음소리와 푸드덕거리는 날갯짓을 하며 우리 곁으로 날아와 오래도록 자연보호 현장을 상기시켜줄 것이다.

참나무숲 면적을 다시 넓힐 방안이 있을까? 인간이 계속 두루미들에게 먹이를 주어도 괜찮을까? 과연 인간이 조류에게 먹이를 주는 것이 옳은 행동인가? 이 질문은 근본적으로 짚어 볼 문제다. 이 문제는 학문보다는 감정과 더 많은 관련이 있다. 우리가 먹이를 주지 않는다면 새들이 겨울에 배를 곯지는 않을 까? 따뜻한 남쪽 나라로 이동하지 않는 철새들은 깃털 옷을 입 고서도 벌벌 떨면서 깃털을 쫙 펴고 관목과 나뭇가지에 앉아 있 다. 그동안 우리는 따뜻한 방 안에서 창문으로 이 모습을 바라 본다. 새는 인간과 같은 온혈동물이기 때문에 일정한 체온을 유 지해야 한다. 새의 정상 체온은 38~42℃ 사이로 우리보다 더 높다.

다행히 새들에게는 자연으로부터 선물 받은 따뜻한 깃털

옷이 있어서 체온을 유지하기 쉽다. 괜히 겨울용 재킷에 조류의 털을 넣는 것이 아니다. 그만큼 보온 효과가 탁월하기 때문이다. 게다가 새들이 깃털을 쫙 펴면 두꺼운 에어쿠션과 같은 효과를 낸다. 이때 생기는 구슬 모양은 부피에 대한 체표면적을 줄여준다. 체표면적을 줄이면 그만큼 체온이 덜 손실된다. 게다가 다리에는 냉각 메커니즘이 있다. 이 냉각 메커니즘은 발로 흘러들어가는 혈액을 차게 하고 반대로 발에서부터 위로 올라오는 혈액에 온기를 준다. 이런 이유로 깃털 하나 없는 맨발인 다리의 온도는 0℃ 가까이로 떨어진다. 또한 물새들은 얼음처럼 차가운 연못에서 헤엄치고 다녀도 고통을 느끼지 않는다.

몸집이 작을수록 신체 부피에 대한 체표면적은 상대적으로 넓어진다. 원리를 설명하자면 이렇다. 몸집이 작은 새는 몸집이 큰 곰보다 신체 부피에 대한 체표면적이 더 넓다. 따라서 새는 곰보다 밖으로 열을 더 많이 배출한다. 새 중에서 가장 작은 참새목의 상모솔새는 몸무게가 5g밖에 안 된다. 그래서 몸을 따뜻하게 해줄 에너지를 생산하는 데 큰 문제가 있다. 상모솔새의 아름다운 노랫소리는 청각 테스트를 하기에 딱 좋다. 주파수가 워낙 높아서 50대 이상의 성인 중 상모솔새의 소리를 들을 수 없는 사람이 많기 때문이다. 나는 다행히 아직까지는 상모솔새의 노랫소리가 들린다.

유감스럽게도 이 노랫소리는 체온을 유지하는 데 전혀 도움이 되지 않는다. 게다가 피부와 깃털을 통해 끊임없이 손실되는 에너지도 보충되어야 한다. 그렇지 않으면 상모솔새는 금방 얼어 죽는다. 인간이 정기적으로 먹이를 줘야 한다는 얘기다.

곰들이 겨울 동굴 속에서 편하게 잠을 자는 동안 박새와 유럽울새는 먹을 것을 찾아다닌다. 먹이를 찾아도 모두의 배를 채울 만큼 충분하지 않을 때가 태반이다. 딱정벌레와 파리는 나뭇잎이 덮인 숲의 흙 속으로 깊이 들어가거나 쓰러져 죽은 나무 속에서 잠을 잔다. 덤불의 열매나 약초의 씨앗은 눈 속 깊이 숨겨지거나 이미 수확해가고 없다. 당연히 새의 일부는 굶어죽는다. 그런데 대부분이 한 살밖에 안 된 새들이다. 원래 유럽울새는 영양 상태가 좋으면 4년 이상 살 수 있다. 하지만 굶어 죽는 어린 새들 때문에 평균 수명이 12개월이 채 안 된다.

정원에 평화롭게 앉아 있는 작은 새를 보면 연민이 느껴지면서 도와주고 싶은 마음이 생기지 않는가? 휨멜에서 산림관으로 일하는 15년 동안 나는 철저한 원리원칙주의자였다. 나는 먹이주기는 자연에 개입하는 행위이고 자연의 상황을 부자연스럽게 변화시키는 것이라 여겼다. 새들에게 작은 새집을 지어주고 모이나 기름기 많은 먹이를 준다면 특정한 조류의 개체수는 증가한다. 어린 새의 생존율이 높아지고 이듬해 봄에는 이 새들이 지역을 대표하는 종이 된다. 겨울 사망률이 감소하면서 번식률도 증가한다. 아울러 어린 새 사망률이 높은 종들은 철마다 알을 더 많이 낳고 부화율도 높아질 것이다.

이렇게 쉽게 자연에 개입해도 되는 것일까? 이러한 고민 때문에 우리 아이들이 부탁을 해도 나는 오랫동안 이를 거부해왔다. 하지만 뒤돌아보니 후회가 된다. 약 10년 전부터 엄격한 원칙에서 벗어나 새들을 위해 작은 모이통을 만들어놓았다. 나는 주방 창가에 모이통을 놓고 아침식사를 하면서 새들의 모습을 관찰하기 시작했다. 아내 미리암과 아이들은 좋아서 난리였다. 창가 옆에 망원경과 동식물도감도 놓아두었다.

깜짝 손님이 찾아왔을 때 기쁨은 절정에 달했다. 그 주인공은 중간오색딱따구리 *Leiopicus medius*였다. 나는 오색딱따구리 종을 특히 좋아한다. 오래된 활엽수림과 밀접한 관련이 있기 때문이다. 오래된 너도밤나무 숲을 좋아하는 중간오색딱따구리는 현재 멸종위기에 처해 있다. 그 이유 중 하나가 200년이 되지 않은 나무들이라 수피가 매끈한 탓이다. 나무도 사람처럼 세월이 흘러야 주름살이 생긴다. 수피에 주름이 있어야 중간오색딱따구리는 나무줄기 위에 미끄러지지 않고 서 있을 수 있다. 오색딱따구리 종은 구멍을 뚫어 집을 짓는 걸 좋아하지 않는다. 이 녀석들은 다른 종들과 달리 나무를 쪼는 소리를 들으면 오히려 두통을 느낄 것이다.

그래서 중간오색딱따구리는 다른 종들의 부화 장소를 사

검은목두루미와 소시지 생산량의 상관관계

용하거나, 썩어서 무른 나무줄기 위에 부리를 이용해 집을 짓는다. 그런데 이 소심하고 희귀한 새를 내가 만든 새집에서 볼 수 있게 된 것이다. 지금까지 나는 내 관할 구역에는 중간오색딱따구리가 살지 않는다고 생각했다. 이 새가 모습을 드러낸 것은 새와 숲을 위해서 좋은 소식이라 몇 배나 더 기뻤다. 오색딱따구리 종이 나타났다는 것은 환경 인증 마크가 공짜로 내 집에 굴러들어온 것이나 다름없다. 이후로도 나는 계속 '숲 특별 대사'인 중간오색딱따구리가 나타나기를 기다렸다. 녀석은 정기적으로 모습을 보여주었다. 겨울에 남아 있는 몇 안 되는 새 중에서도 희귀종인 이 녀석들은 한 곳에서만 오래 머무르기 때문이다.

나의 행복했던 추억은 이쯤에서 접어두겠다. 본론으로 돌아가 겨울 먹이주기가 생태학적으로 옳은 일인지 살펴보려고 한다. 겨울 먹이주기가 조류 세계의 룰을 바꿔놓았기 때문이다. 프라이부르크대학교 그레고르 롤스하우젠Gregor Rolshausen 연구팀은 두 그룹의 검은머리명금Sylvia atricapilla을 연구했다. 박새와 크기가 비슷한 검은머리명금은 쉽게 알아볼 수 있다. 날개는 회색이고, 수컷은 머리에 검은색 모자를, 암컷은 갈색 모자를 쓰고 있다. 검은머리명금은 여름은 독일에서 보내고 가을이 되면 에스파냐와 같은 따뜻한 지역으로 이동한다. 그리고 그곳에서 장과류와 열매, 특히 올리브를 먹고산다.

그런데 검은머리명금은 1960년대 이후 제2의 철새 이동경로를 찾았다. 남쪽이 아닌 북쪽, 즉 영국으로 이동하기 시작한 것이다. 물론 이유가 있었다. 새를 좋아하기로 유명한 영국 사람들이 검은머리명금들에게 먹이를 너무 잘 먹여서 이 녀석들이 굳이 남쪽으로 날아갈 필요가 없었던 것이다.

에스파냐보다 영국으로의 이동경로가 훨씬 짧다. 그리고 영국에서는 모이와 올리브의 종류가 다양했다. 하지만 원래 이 녀석들이 가지고 있던 부리로는 새로운 먹이를 먹기에 불편했다. 수십 년이 지난 후, 영국으로 철새 이동을 했던 검은머리명금 중 일부가 환경에 적응하면서 유전자에 변화가 생겼다. 부리는 더 길고 날렵해졌다. 반면 날개는 둥글고 짧아졌다. 이 두 가지 변화는 인간이 모이를 주면서 생긴 변화였다. 새로운 형태의 부리는 씨앗과 지방을 먹기 더 쉬웠다. 날개는 더 이상 장거리 여행에 적합한 형태가 아니었다. 대신 정원에서 잠시 날 때 필요한 민첩성에 걸맞은 형태로 바뀌었다. 원래의 종과 새로운 종 사이에 짝짓기는 거의 이뤄지지 않고 있기 때문에, 교배로 인한 새로운 종은 서서히 나타날 것으로 보인다. 이것 또한 인간이 자연에 과도하게 개입한 사례라고 볼 수 있다.

이러한 개입을 무조건 부정적이라고만 평가할 수 있을까? 새로운 종의 탄생은 불행이라기보다는 행운이다. 종의 다양성은 생태계에는 항상 이득이기 때문이다. 이 경우에는 환경의 변화에 긍정적인 방향으로 발전했다. 하지만 원래의 종과 새로운 종이 짝짓기를 해서 새로운 종이 탄생했는데, 이로 인해 유전자가 변형되고 원래의 종이 완전히 사라졌다면 심각한 일이다.

과실수와 같은 재배 작물에서 유사한 사례를 관찰할 수 있다. 유전자 변형을 하지 않은 야생사과나무나 배나무는 거의 없다. 어쩌면 이미 멸종했는지도 모른다. 원인은 지난 수천 년 동안 이어져 내려온 과실수 재배 방식과 관련이 있다. 사실 벌들은 자신들이 옮기는 꽃가루가 어느 과실수로 가든 상관없다. 그래서 벌들은 인공 수분용 꽃가루를 야생 과실수의 꽃에도 옮겨 왔다. 이렇게 유전자가 섞이면서 야생종에서 변종 자손이 태어나기 시작했다. 언젠가부터 야생종 과실수에 곤충들이 꽃가루를 옮기면서 잡종만 남은 것이다. 여기에 어떤 중요한 의미가 있을까? 이 부분에 대해 정확히 알려진 바는 없지만 어쨌든 손실인 것은 확실하다.

우리는 모든 소의 눈에서 오로크스*의 모습을 볼 수 있다. 하지만 유전학적으로 볼 때 이러한 특징은 거의 사라졌다. 안타깝게도 이제 순종 사육은 불가능하다. 일부 자연보호구역에서 사육되는 헤크소**는 겉모습만 오로크스와 비슷하다.

---

*   가축으로 사육되고 있는 현생 소들의 조상으로 알려져 있다. 과도한 밀렵과 서식지 파괴로 인해 1627년 지구상에서 완전히 멸종되었다.

**   1930년대 독일의 헤크 형제가 오로크스의 복원을 시도하여 교배에 성공한 소를 말한다. 이 소들은 현재 크기를 빼면 오로크스와 가장 많이 닮은 것으로 알려져 있다.

물론 새 먹이주기를 전혀 다른 관점에서 접근할 수 있다. 여기서 나는 초반부에서 언급했던 감정과 관련된 문제로 다시 돌아가려고 한다. 이런 기쁨을 준 새로는 중간오색딱따구리 말고도 까마귀 코코가 있다. 나는 코코에 대한 이야기를 내 저서 『동물의 사생활 Das Seelenleben der Tiere, 국내에서는 『동물의 사생활과 그 이웃들』로 출간』에서 한 번 다뤘다. 까마귀는 겨울철에만 볼 수 있어서 먹이주기라는 주제와 딱 맞는다. 우리집에서 키우는 말 치피와 브리기는 일 년 내내 목초지에서 지낸다. 말이 건강하려면 신선한 공기를 맡으며 살아야 하기 때문이다. 나이가 든 치피와 브리기가 지금은 말라 죽지 않도록 매일 농축 사료를 먹이고 있다. 코코는 예전에 치피와 브리기가 배설한 말똥에 섞여 있는 소화시키지 못한 곡식들을 쪼아 먹었다. 내 생각에 별로 맛이 없어 보이긴 했지만 말이다.

이 모습을 관찰하고 몇 년 전부터 아내와 나는 발코니 나무 기둥 위에 곡식 알을 몇 개씩 항상 올려두었다. 코코가 깨끗하게 아침식사를 할 수 있도록 배려한 것이다. 까마귀는 사람과 언어로 소통하지 못하기 때문에 나는 이 부분에 대해서는 신경 쓰지 않고 있었다. 그런데 코코가 어느 날 부리로 도토리를 물고 오더니 내가 보는 앞에서 풀 속에 숨겨두었다. 코코는 내가 그 모습을 보고 있다는 걸 알았다. 그러더니 도토리를 다시 꺼내어 내 눈을 피해서 안전한 곳에 묻었다. 코코는 다시 그 위로 날아와 자신의 아침 식량을 가져왔다. 나는 아침식사를 하면서 아이들에게 이 얘기를 해주었다. 아이들이 너무 좋아하면서 동물책에 이 이야기를 넣는 것이 어떻겠느냐고 했다.

혹시 내 관찰력이 예리하기 때문에 이 광경을 목격했을 것이라고 말하는 독자들이 있을지 모른다. 전혀 그렇지 않다. 그동안 코코가 나한테 나름 애정 표현을 해왔는데도 나는 알아채지 못하고 있었다.

나는 제인 빌링허스트Jane Billinghurst로부터 연락을 받은 후 코코의 행동을 눈여겨보게 되었다. 그녀는 내 저서『나무의 비밀스러운 사생활Das gehemie Leben der Bäume, 국내에서는 『나무수업』으로 출간』을 영어로 번역했던 역자로,『동물의 사생활』도 번역하고 있었다. 영어권 독자들을 배려하여 이 책의 일부 사례는 영어권 실제 사례로 대체했다. 제인은 감사를 주제로 한 장에서 동물들이 감사를 표현할 수 있는지 그리고 동물들이 어떻게 감사를 표현하는지 BBC 기사를 인용했다. 시애틀에서 실제 있었던 일이다.

시애틀에 가비라는 소녀가 살고 있다. 가비가 네 살이었을 때 실수로 정원에 먹을 것을 흘렸다. 까마귀들은 먹을 것을 달라 하지도 않았는데 이게 웬 떡인가 싶어 가비가 흘린 음식을 신나게 먹었다. 그 후 까마귀를 좋아했던 가비에게는 자신의 점심 도시락 음식 중 일부를 까마귀에게 먹이로 주는 습관이 생겼다. 그리고 가비는 규칙적으로 까마귀들에게 먹이를 주기 시작했다. 까마귀를 위해 견과류가 담긴 그릇과 물을 준비하고 강아지 사료도 나눠주었다. 동물인 까마귀와 사람인 가비 사이에 우정이 싹트기 시작했다. 결정적인 계기가 있었다. 까마귀들이 가비한테 선물을 날라다주기 시작한 것이다. 가비에게 감사의 표시로 까마귀들이 먹이를 먹고 난 빈 그릇에 작은 유리 조각, 뼛조각, 진주, 나사 등을 놓고 갔다. 지금은 까마귀들의 선물이 엄청나게 많이 모여 수집품이 되었다.[39]

나는 이 이야기를 듣고 정말 감동을 받았다. 물론 동물의 감사를 주제로 한 장에 이 사례를 넣는 것도 동의했다. 그 후 12월쯤 나는 아내와 함께 말들에게 갔다. 그때 발코니 나무 기둥 위로 사과 하나가 뚝 떨어졌다. 순간 머릿속에 찰칵 하면서 뭔가 스치고 지나갔다. 코코는 이미 몇 년 전부터 우리한테 선물을 가져다주고 있었는데 우리가 그 사실을 미처 몰랐던 것이다. 우리는 과일, 돌, 죽은 쥐의 일부가 항상 코코가 먹이를 먹고 난 그릇에 있는 것을 보며 놀라기는 했었다. 그런데 선물일 것이라고는 짐작도 못했다. 코코가 애정을 표시해왔는데 몰라준 것이 미안할 따름이었다. 이후 코코가 또 선물을 가져왔을 때 얼마나 기뻤는지 모른다.

다시 한 번 물어보겠다. 먹이주기가 동물에게 정말 해가 될까? 우리가 이런 방법으로 생태계에 개입하면 안 되는 것일까?

코코는 우리가 먹이를 주지 않았더라면 벌써 굶어죽었을 것이다. 노지 생태계에 서식하고 있는 다른 까마귀나 조류들에게도 이런 기회가 주어져야 하지 않았을까? 먹이주기가 환경에 미치는 직접적인 영향에 대해서는 이미 앞에서 다뤘다. 하지만 또 다른 관점인 공감에 관한 관심은 아직 부족하다. 공감은 환경보호에서 가장 막강한 힘으로, 법령과 행정규칙보다 더 강한 영향력을 갖고 있다. 고래잡이나 기각류Pinnipedia* 사살 반대 운동 등을 생각해보자. 대중들이 이렇게 큰 소리로 부르짖으며 반대하는 이유가 무엇인가? 동물에 대한 연민 때문이다. 연민의 감정이 클수록 동물과 더 가까워진다.

　이것은 내가 동물원의 존재에 반대하지 않는 수많은 이유 가운데 하나다. 동물원에 종의 다양성과 특성을 존중하며 살 수 있는 여건이 마련된다면 나는 동물원이 존재하는 것에 대해 반대하지 않는다. 동물을 피부로 느낄 수 있는 사람만이 동물에 대해 끈끈한 정을 느끼고 보호해줄 수 있다. 그래서 나는 독일에서 야생종 사육이 민간인들에게 허용되지 않는 것이 유감이다. 이해득실을 따져보면 멸종 직전이 아닌 종에 대해서는 손해보다 이익이 많다. 동물과 교감을 느껴본 사람은 정원에서 까치를 키우는 것을 비난하지 않고 까마귓과 조류 사살을 지지하지

---

* 　포유강 식육목 기각아목의 수생동물로 물개·바다표범·바다코끼리 등이 이에 속한다.

도 않을 것이다. 한두 가지 동물은 죽도록 사랑받을 것이다. 이 동물들은 종별로 골고루 보호받지 못하기 때문에 인간이 다양한 동물을 체험하며 가까워지는 것이 자연보호를 위한 최선의 방책이 될 수 있다.

　마지막으로 한 가지 더 조언을 하겠다. 새들은 겨울에 물이 부족하여 죽을 수 있다. 새들의 입장에서는 접시에 물을 담아두는 것이 먹이를 주는 것보다 훨씬 도움이 된다. 말의 물통을 보면서 이 사실을 새삼 깨달았다. 말들은 일 년 내내 목초지의 추위 속에서 살아간다. 이미 말했지만 말들에게는 확 트인 목초지가 따뜻한 축사보다는 좋다. 다만 밖에 물통을 두면 물이 얼어버리는 것이 문제다. 양철통에 따뜻한 물을 담아 수레나 4륜구동식 차량으로 나르면 도움이 될 수 있다. 우리는 코코와 다른 조류들이 식사 후 말의 물통에 담긴 물을 먹는 모습을 관찰해 왔다.

　다른 동물들에게 겨울 먹이주기는 역효과를 낼 수 있다. 이 동물들은 실컷 먹고도 죽는다. 어떻게 이런 일이 일어나는 것일까? 나무가 멧돼지에게 벗어날 수 없는 이유는 무엇인가? 새로운 주제로 넘어가보자.

너도밤나무와
참나무의 전략
'도토리 로또'

동물들에게는 3~5년 주기로 '도토리 로또'를 맞을 기회가 찾아온다.
그 사이에는 굶어 죽는 동물들이 태반이다. 바로 이런 이유,
즉 이들의 개체수를 조절하기 위해 너도밤나무와 참나무 열매는
매년 가을이 아니라 3~5년 주기로 열매가 열리는 것이다.
야생 멧돼지, 노루, 사슴, 조류, 굶주린 곤충 무리의 개체수를
조절하기 위한 일종의 전략인 셈이다.

나는 겨울이 따뜻하면 모기 떼나 나무좀 떼가 기승을 부린다는 말을 자주 듣는다. 산림경영 방식으로 인해 나무좀 개체수가 급증했다는 사실에 대해서는 앞부분에서 자세히 다뤘다. 그럼에도 숲속 환경과 곤충의 연관성에 대해 전체적으로 정리해보는 것도 도움이 될 것이다. 추위가 매서운 겨울에는 일주일 내내 혹한이 계속되고 눈이 쌓인다. 모든 것이 꽁꽁 얼어붙어서 토양의 상층은 마치 딱딱한 돌덩어리 같다. 숲 밖에 서식하는 생물들의 삶도 녹록지 않아 보인다.

날씨가 동물에게 어떤 영향을 미치는지 작은 동물부터 살펴보도록 하자. 추위로부터 몸을 보호하기 위해 곤충들은 자연 법칙을 특히 잘 활용한다. 물은 기온이 0℃ 이하로 내려가면 소량만 얼어붙는다. -18℃가 되어야 $5\mu L$마이크로리터의 물이 얼음 결정체를 형성한다. 나무좀과 곤충의 경우 어린 곤충들이 추위에 특히 약하다. 주변 환경이 너무 오랫동안 얼어붙어 있으면 알과 유충은 살아남기 어렵기 때문에 이듬해 여름을 기약할 수 없다. 이가 덜덜 떨리는 추위를 견디지 못해서가 아니라 유충의 입과 호흡기관 속으로 얼음장처럼 차가운 물이 들어가 죽게 되는 것이다. 유충의 몸속 액체는 영하의 온도에도 보호를 받지만, 밖에서 흘러들어오는 물이 체온을 떨어뜨려 유충은 바로 얼고 만다. 그래서 두껍게 쌓인 눈이 꽁꽁 얼어 단단한 층이 유지되는 것이 작은 동물들이 생존하기에는 좋은 환경이다. -30℃까지 너끈히 견딜 수 있는 나무좀 성충들은 혹한에도 끄떡없다. 그래서 가을에는 되도록 부화하려고 하지 않는다.

따뜻한 겨울은 나무좀 유충이 부화하기에는 최악의 날씨다. 여기서 따뜻하다는 것은 습하다는 의미이기도 하다. 어떤 날씨를 더 좋아하는가? 기온이 0℃ 조금 넘고 비가 오는 것이 좋은가? 아니면 맑은 하늘에 추위가 계속되는 것이 좋은가? 나는 후자가 더 좋다. 일반적으로 기온이 어는 점℃ 이하로 내려간다는 것은 날씨가 건조하고 체온을 유지하기에 더 좋다는 의미다. 기온이 5℃ 이상이 되면 습한 날씨를 좋아하는 균류가 다시 활동한다. 그래서 균류는 겨울나기를 하는 곤충들을 눈에 불을 켜고 지켜보고 있다가, 곤충들이 슬슬 겨울잠에 들어가면 잡아먹는다.

나무좀들이 꼼짝없이 붙들려 이듬해 봄을 기다리며 겨울나기를 하는 동안, 대부분의 포유동물은 겨울에 활발하게 활동한다. 쉽게 말해 겨울에도 포유동물들은 체온을 유지하기 위해 계속 먹어줘야 한다. 마찬가지로 새들도 겨울나기 식량이 필요하다. 먹이를 찾으러 다니는 조그만 새들이 측은해 보이지 않는가? 우리는 이들에게 먹이를 주면 안 되는 걸까? 몇몇 종의 동물들에게는 이미 그렇게 하고 있다. 숲을 걷다가 사료나 옥수수 알이 담긴 시렁을 본 적이 있을 것이다. 모두 굶주린 노루, 사슴, 야생 멧돼지들의 겨울나기를 도와주기 위해 준비한 먹이다. 우리는 이제 먹이주기가 개인의 사심과는 상관없이 해야 하는 일이라는 것을 안다.

그런데 이 먹이들은 사냥 전리품으로 뿔이나 송곳니를 거실 소파에 장식할 수 있는 종의 동물들에게만 제공되고 있다. 여우나 청설모 같은 동물들은 먹이주기 대상에서 제외된다. 이 녀석들은 독일 기후에 잘 적응하여 나름의 겨울나기 전략을 세우기 때문에 사람이 따로 먹이를 줄 필요가 없다.

청설모는 가을에 먹이를 열심히 모으고 겨울에는 잠을 잔다. 반면 사슴들에게는 겨울 날씨에 적응하는 체온 관리 전략이 있다. 날씨가 추운 달이면 사슴들은 관목이나 잡초 사이에 선 채로 꾸벅꾸벅 존다. 오스트리아 빈대학교 연구팀의 연구결과에 의하면 사슴은 체내 에너지를 절약하기 위해 피하 온도를 15℃까지 낮출 수 있다고 한다. 이것은 몸집이 큰 온혈 동물에게는 획기적인 사건이다. 발터 아놀드Walter Arnold 프로젝트 팀장에 의하면 이것은 동물들의 겨울잠과 유사한 행동 패턴이라고 한다.[40] 사슴은 이 에너지 절감 전략을 통해 겨울에 먹은 지방으로 이듬해 봄까지 충분히 버티고 몸이 약하거나 병든 사슴만 굶어 죽는다. 이것은 유전적으로 건강한 종을 보존하기 위한 본능적 전략인 셈이다.

특히 사슴의 경우 인간의 먹이주기가 간접적인 아사를 초래할 수 있다. 2012년과 2013년 겨울에는 특히 눈이 많이 내렸다. 그 시기에 내 고향의 한 지역인 아르바일러에서는 사슴 개체수가 급증하는 바람에 숲속에 사는 사슴들은 굶주림에 시달렸다. 굶주린 사슴들이 농가의 축사에 나타나서 소의 먹이를 빼앗아 먹었다. 한 동료가 새집 옆 간이식당에서 암사슴이 서 있는 사진을 보내왔다. 먹이주기를 허용해달라는 사냥꾼들의 목소리가 커질 수밖에 없는 상황이 되었다. 사냥꾼들은 심지어 학교에도 나타나서 동물에 대한 연민을 강조하며 정치인들에게 압력을 행사해야 한다고 했다.

곳곳에서 죽은 사슴이 발견되면서 먹이주기에 대한 찬반 논쟁에 불이 붙었다. 이 귀한 동물을 굶어죽도록 내버려둘 것인가? 그러나 수의학계에서는 전혀 다른 연구결과를 내놓았다. 굶어죽었다던 사슴의 위장이 빵빵했다는 것이다. 그렇다면 원인은 다른 곳에 있다는 얘기다. 죽은 사슴들의 장과 위에서 기생충이 뭉텅이로 발견되었다. 사슴들은 기생충의 숙주가 되어 사망한 것이었다.[41] 사슴의 개체수가 워낙 많아 기생충에 감염된 배설물에 접촉할 기회도 더 늘어났고 따라서 기생충이 급속도로 번질 수 있었던 것이다. 이것은 먹이주기가 초래한 간접적인 부작용이었다.

이러한 연구결과가 발표되었으나 사냥꾼들은 자신들의 주장을 여전히 굽히지 않고 있다. 사냥꾼들 입장에서는 초식동물들이 되도록 많아야 좋다. 사냥감이 많으면 고생스럽게 사냥감을 찾으러 다닐 것 없이 저녁마다 망만 보고 있으면 되기 때문이다. 하지만 개체수 과잉 현상이 몸무게가 적은 야생동물이나 작은 뿔이 달린 노루 등의 사냥 구역을 차지하기 위한 싸움의 원인이 되기도 한다. 사냥꾼들의 목표는 되도록 큰 야생동물을 차지하는 것이므로 이것은 생각지도 못한 부작용이었다. 이들은 약한 동물들에게 영양가가 많은 먹이를 주어 몸보신을 시키려고 하고 있다. 우리가 앞에서 살펴봤듯이 이것은 상황을 더 심각하게 만든다. 일부 종에게 살을 찌우면 다른 종이 피해를 입을 수 있다.

사냥전문지《외코야크트Ökojagd》에서 국가에서 공식적으로 사냥을 허가받은 수렵임차인들의 먹이주기 현황을 조사했다. 이들이 사냥으로 죽인 짐승 1kg당 평균 12.5kg의 옥수수가 소비되었다.[42] 대량 사육을 하는 식육업계 옥수수 소비량의 몇 배에 달하는 양이다.

자연 생태계와 마찬가지로 영양 상태가 좋아지니 생식 능력도 증가했다. 그 결과 개체수가 폭발적으로 늘었다. 포도 재배지, 일반 가정집 정원, 심지어 베를린 알렉산더 광장에까지 야생 멧돼지가 출몰했다. 숲은 포화 상태가 되어 이들이 살기에는 너무 좁았다.

인간이 생태계에 개입하면서 미세한 균형이 깨졌을 때 또 하나의 피해자가 발생한다. 바로 나무다. 나무들은 수백만 년 동안 초식동물에게 먹히지 않기 위해 완벽한 전략을 발전시켜 왔다. 그런데 인간이 동물들에게 먹이를 주면서 이 전략이 말을 듣지 않기 시작했다.

중부 유럽 지역에서 중요한 위치를 차지하고 있는 토종 나무종인 너도밤나무와 참나무의 씨앗은 매우 크다. 너도밤나무 열매는 0.5g밖에 안 되지만 숲속에서 서식하는 나무 치고는 상당히 큰 편이다. 가문비나무 씨앗은 청설모, 쥐, 작은 새들에게 중요한 식량이지만 무게가 0.02g밖에 안 된다. 물론 이렇게 작아도 동물들이 정말 좋아하는 먹이다. 너도밤나무 열매는 그야말로 열량 덩어리다. 이 작은 크기에 지방 함량은 50%나 된다. 한 알의 평균 무게가 4g인 도토리보다 지방 함량이 높다. 도토리의 지방 함량은 고작 3%이지만 녹말 함량은 50%나 된다. 그래서 가을 먹이로 도토리를 주우면 로또를 맞은 것이나 다름없다.[43]

동물들에게는 3~5년 주기로 '도토리 로또'를 맞을 기회가 찾아온다. 그 사이에는 굶어죽는 동물들이 태반이다. 바로 이런

너도밤나무와 참나무의 전략 '도토리 로또'

이유, 즉 이들의 개체수를 조절하기 위해 너도밤나무와 참나무의 열매는 매년 가을이 아니라 3~5년 주기로 열리는 것이다. 야생 멧돼지, 노루, 사슴, 조류, 굶주린 곤충 무리의 개체수를 조절하기 위한 일종의 전략인 셈이다.

씨앗을 특히 좋아하는 야생 멧돼지들은 귀신같이 냄새를 잘 맡는다. 야생 멧돼지들이 숲 주변 씨앗을 있는 대로 먹어치우는 바람에 주변은 거의 초토화된다. 이 경우 야생 멧돼지 개체수는 평소보다 3배로 급증한다. 1년 후에는 야생 멧돼지 떼거리가 가을 낙엽을 헤집고 다닌다. 이 녀석들은 오래된 가지, 돌, 나무줄기 할 것 없이 샅샅이 뒤지며 씨앗을 찾는다. 그래서 다음 해 봄에는 어린 너도밤나무들이 싹을 틔울 수 없고, 어린 참나무는 숲의 빛을 보지 못하고, 수십 년 동안 이 상태를 맴돌다가 고령화 숲이 되어버린다.

늙은 나무가 죽으면 빈 공간이 생긴다. 이 자리에는 풀과 덤불이 자라면서 차츰 초원 지대가 형성된다. 이 사태를 막으려면 나무들은 넓은 간격을 두고 꽃을 피우는 전략을 쓸 수밖에 없다. 그런데 이것이 끝이 아니다. 어떤 나무들은 휴식기를 갖고 어떤 나무들은 갖지 않는다면 문제가 없을까? 도토리와 너도밤나무 열매를 먹고사는 동물들은 어떻게 되는 것일까? 몇 년 동안이나 숲속에서 맛좋고 영양 만점인 씨앗을 구경도 못한다면 야생 멧돼지들은 굶어 죽는 것 아닌가?

이 문제를 해결하려면 공동 전략을 찾아야 하고 나무들끼리 합의를 봐야 한다. 즉 숲 지역의 너도밤나무들끼리 토양의 뿌리 연결과 균사를 어떻게 사용할 것인지 합의점을 찾아야 한다. 나무들끼리 합의한 사항은 매우 잘 지켜진다. 놀랍게도 전기를 통해서도 소통한다. 하지만 '우드와이드웹Wood Wide Web(《네이처》에서 사용한 표현이다.)'으로만 이 목적을 달성하기에는 부족한 부분이 있다. 여기에도 이유가 있다. 야생 멧돼지들이 먹이를 찾기 위해 먼 곳까지 샅샅이 뒤지며 돌아다니기 때문이다. 야생 멧돼지들에게 10km나 20km 정도 이동하는 것은 우스운 일이다. 그래서 나무들은 넓은 범위를 대상으로 합의를 한다. 여기서 넓은 범위란 수백 킬로미터 이상의 거리를 말한다. 나무들끼리의 합의 사항이 얼마나 잘 지켜지는지 정확히 알려진 바는 없다. 일부 이탈자를 제외하고는 전 지역에서 동시에 열매를 맺거나 휴식기를 갖는 것은 사실이다.

독일에서는 최근 활엽수들의 전략이 오락가락한다. 사냥꾼들이 생태계에 마음대로 끼어들었기 때문이다. 사냥꾼들은 겨울뿐만 아니라 일 년 내내 동물들에게 먹이를 준다. 이로 인해 너도밤나무와 참나무의 '먹이 공급 제한 전략'이 저지되는 셈이다. 독일 바덴뷔르템베르크주에서 사살된 야생 멧돼지의 위장을 검사했더니 야생 멧돼지들이 섭취한 먹이 중 사냥꾼들이 준 것이 연평균 37%에 달했다. 겨울에는 이 비중이 더 높아져

41%까지 증가했다.[44] 이것은 매우 치명적인 수치다. '돼지를 살찌우는 해'를 제외한 추운 겨울에는 원래 숲속은 텅 비어 있고 야생 멧돼지들의 배도 텅 비어 있어야 한다. 그래서 야생 멧돼지들의 일부는 굶어 죽는다. 이렇게 생태계의 상황에 맞춰 개체수가 조정된다.

그런데 돼지들이 배고플 틈이 없다면 이 메커니즘은 작동하지 않는다. 현재 독일에는 수천 개의 먹이 장소가 있어서 야생 멧돼지들은 언제 어디서나 먹이를 찾아 먹을 수 있다. 동시에 야생 멧돼지 번식률도 치솟는다. 독일 생태사냥연합ÖJV에서 이 상황을 구체적인 수치로 환산했다. 그랬더니 라인란트팔츠 서부 숲 지대에는 죽은 야생 멧돼지 한 마리당 780kg의 먹이가 제공되었다고 한다.

사냥꾼들은 야생 멧돼지 개체수가 증가한 진짜 원인을 은폐시키려 한다. 농업계에서 야생 멧돼지들에게 옥수수를 포대로 제공한 탓도 있다는 것이다. 그뿐만이 아니다. 이들은 기후변화로 인해 겨울이 따뜻해지면서 야생 멧돼지 개체수가 증가했을 수 있다고 주장하고 있다. 또 자신들은 겨울에 야생동물에게 더 이상 먹이를 주지 않고 있다고 한다. 특히 야생 멧돼지에게 주는 것은 금지되었기 때문이다. 사실 그 사이 '먹이 주기'라는 단어는 '미끼 주기'로 교체되었다. 대개 미끼는 소량의 옥수수 알맹이로, 야생 멧돼지들의 눈에 쉽게 띄는 곳에 놓는다. 야생 멧돼지가 미끼를 물면 사살된다. 이들은 미끼 주기는 야생 멧돼지 개체수 감소에 도움이 될 뿐 개체수 증가와는 관련이 없다고 한다. 여기까지가 사냥꾼들의 공식 입장이다. 그런데 '미끼를 너무 많이 먹어서' 증가한 야생 멧돼지 수가 사살된 야생 멧돼지 수보다 많다면 이 상황은 분명 모순이다. 게다가 대부분의 지방에서 여전히 불법으로 야생 멧돼지들에게 대량으로 먹이를 주고 있다.

숲 밖에 사는 사람들은 숲속 사정을 잘 모른다. 모든 일이 거꾸로 되어 있고 포식자의 입맛에 맞춰져 있다. 내가 산림관이 된 지 얼마 안 되었을 때 간벌 지역에 트럭 한 가득 튤립 구근이 있는 것을 본 적이 있다. 이 튤립 구근은 상품용으로 적합하지 않아서 폐기 처분해야 하는 것들이었다. 사냥꾼들의 사고는 '쓸모 있는 것을 필요한 사람에게 나눠주면 되는 것 아닌가?'였다. 결국 숲으로 튤립 구근이 운송됐다. 맛있는 먹이가 있어서 좋았는지 야생 돼지들에게는 모르겠다. 몇 주 만에 튤립 구근이 자취를 감췄으니 말이다.

사람들은 아무 생각 없이 폐기처분된 음식물을 동물의 사료로 준다. 지인 중 한 명이 자신의 고향 마을에 사는 한 소작인 얘기를 해준 적이 있다. 이 소작인이 초콜릿 과자를 톤으로 실어 나르며 주변에 뿌렸더니 새로운 음식을 본 야생동물들이 군침을 질질 흘리며 달려들었다는 것이다. 지난 수십 년 동안 사냥꾼들이나 대형 레스토랑 사장들이 이런 사고를 가지고 살아왔다. 옛날에는 칠면조 굴라슈, 으깬 감자, 베이컨 말이 등 음식찌꺼기로 죽을 만들어 돼지에게 사료로 먹이는 일이 흔했다. 하지만 이것은 숲에서 야생동물들에게 먹이를 주는 것과 다를 바가 없다. 나무가 많은 넓은 숲과 가축우리라는 장소 차이밖에 없다.

그사이 산림경영과 사냥으로 인해 원시림의 상황이 완전히 뒤바뀌었다. 이전에는 숲 면적 1km²당 노루 개체수가 많지 않았으나 지금은 평균 50마리다. 원래 초원에 서식하는 동물인 사슴은 숲에서 거의 보기 힘들다. 야생 멧돼지도 마찬가지다. 하지만 최근 일부 산림 지대에 노루 외에 사슴 열 마리와 야생 멧돼지 열 마리 정도가 나타나 큰 무리를 지어 살고 있다. 중부 유럽 숲 지대에 본격적인 동물원이 탄생하면서 사냥꾼들의 심장이 뛰고 있다.

초식동물 무리들은 어린 나무의 성장을 막는다. 이대로라면 유럽의 활엽수림 지대가 미래에도 남아 있을까? 미리 우울한 생각에 사로잡히지 말자. 다행히 상황이 좋아지고 있는 듯하다. 옐로스톤국립공원에서 시작하여 유럽 지역에서도 늑대가 서서히 제자리로 돌아오고 있다는 것이 한 가지 이유다. 또 다른 이유는 나무들에게 다른 동지들이 있다는 사실이다. 땅속에는 놀랄 만큼 많은 생물들이 살고 있다. 그중 지렁이는 야생 멧돼지에게 위협적인 존재가 될 수 있다. 지렁이는 땅 밑에 한가롭게 앉아서 낙엽을 우물거리며 부식토를 분비하는 동물 아니었던가? 맞다. 그런데 이 조그만 지렁이가 덩치 큰 야생 멧돼지에게 치명타를 날릴 수 있다.

야생 멧돼지들은 고기를 찾으려고 납작한 들창코로 킁킁대며 부드러운 흙을 파헤친다. 야생 멧돼지가 좋아하는 먹이 중 하나가 지렁이다. 실제로 1km²당 최대 300t의 지렁이들이 토양 표면에 살고 있다.46 얼마나 많은 양인지 다음을 비교해보길 바란다. 노루, 사슴, 야생 멧돼지 등 몸집이 큰 포유동물을 대형 운동장에 넣었다고 가정할 때 3분의 1 정도를 차지하는 분량이다. 우리도 급할 때는 사냥보다는 땅을 파서 먹을 것을 찾지 않는가?

다시 돼지 이야기로 돌아가자. 원래 지렁이는 무해한 동물이다. 어쨌든 돼지들은 맛있게 지렁이를 먹는데, 이때 지렁이를 쫓아 들어오는 녀석들이 있다. 우폐충Dictyocaulus viviparus의 유충들이다. 우폐충 유충들은 흙 속에서 자라며 자신에게 맞는 최종 숙주를 찾을 때까지 기다린다. 우리 인간이 최종 숙주가 될 수도 있다. 여기서 비상사태가 다시 발생한다. 야생 멧돼지가 신나게 지렁이를 먹고 나면 혈액을 타고 이 유충들이 폐까지 들어간다. 유충은 기관지에 잠복하고 있다가 성충이 되면 기관지를 공격하며 염증이나 출혈을 일으킨다. 이래서 지렁이는 잘 구워 먹어야 하는 것이다! 야생 멧돼지가 배설물과 함께 유충을 배출하고, 지렁이가 이 유충을 먹으면서 순환이 끊긴다.

돼지처럼 털이 달린 짐승들은 호흡기관이 약하다. 그래서 이 호흡기관을 타고 온갖 병균들이 다 들어온다. 새끼 야생 멧돼지는 특히 사망률이 높다. 야생 멧돼지 개체수가 많을수록 유충에 감염된 지렁이가 많다. 이것이 돼지의 유충 감염률이 높은 이유다. 특별한 계기로 개체수가 감소하기 전까지는 주변에 있는 모든 생물의 개체수가 계속 증가한다. 동물 개체수가 적으면 유충 수도 적기 때문에 유충에 감염된 지렁이도 거의 없다. 결국 우폐충이 야생 멧돼지 개체수의 조절자인 셈이다. 그런데 돼지를 노리고 있는 또 다른 적수가 있다.

야생 멧돼지는 수많은 질병 유발 인자를 보유하고 있다. 그중 바이러스가 특히 많다. 바이러스는 아주 별난 존재다. 대체 바이러스의 정체는 무엇일까? 바이러스는 세포로 구성되어 있지 않다. 그래서 학자들은 바이러스를 흙에서 살지 않는 동물로 본다. 원래 세포가 없으면 생식활동이나 신진대사도 일어나지 않는다. '번식 플랜'이 들어 있는 껍데기가 바이러스의 전부다.

동식물의 몸속에 자리를 잡지 않는 이상 바이러스는 죽은 존재나 다름없다. 그런데 바이러스들이 자신의 '번식 플랜'을 가지고 낯선 생명체에 침투하면 상황이 달라진다. 바이러스 하나가 수백만 마리로 복제되기 시작된다. 그런데 이 프로세스에서 바이러스들은 계속 실수를 한다. 바이러스의 세계에는 세포 체계처럼 수정 메커니즘이 존재하지 않기 때문이다.

바이러스에게 실수는 새로운 변종 바이러스의 탄생을 의미한다. 이 중 일부가 막다른 골목에 몰리면 바이러스는 큰 역할을 하지 못한다. 바이러스 위원회에서 필요한 바이러스만 남기기 때문이다. 그래서 바이러스들은 새로운 상황에 대한 적응력이 강하고 숙주를 효과적으로 공격할 수 있다. 특히 변종들은 치명적인 파괴력을 갖고 있다.

바이러스에 감염된 생물을 죽여봤자 큰 의미가 없다. 바이러스는 질병을 퍼뜨리고 난 후에는 번식력을 거의 잃기 때문이다. 여기서 다시 변이를 시도하는 것도 영리한 행동은 아니다. 이 바이러스들은 숙주에 적응하려면 시간이 더 필요하기 때문에 숙주를 이용만 할 뿐 죽이지는 않는다.

당연히 숙주들은 정반대의 입장이다. 숙주와 바이러스가 오랜 관계를 유지하다 보면 숙주도 바이러스에 적용한다. 이때의 숙주는 질병에 감염되어도 건강에 아무 문제가 없다. 수두는 이러한 바이러스의 특성을 설명하기 좋은 예다. 유럽인들은 유·소아기 감염에 대해서는 이미 적응력을 갖추고 있었다. 반면 북아메리카 원주민들은 사정이 달랐다. 백인 이주민들에 의해 유입된 바이러스가 북아메리카 원주민들의 몸속에 침투하자 바이러스의 활동력이 최고조에 달했다. 홍역이나 기타 질병까

청설모를 보고
겨울 추위를
예측할 수 있을까

균류의 세계를 완벽히 파헤치려면 아직 멀었다.

자연 생태계에는 한 발짝 거리마다 무수히 많은 비밀이 감춰져 있다.

우리가 자연을 완벽하게 이해할 수 없는 것은

너무도 자명한 사실 아닌가?

나는 우리가 모든 것을 완벽하게 이해하려고

애쓸 필요도 없다고 생각한다.

　지금까지 우리는 자연에 관한 일련의 상관관계를 살펴보았다. 이러한 상관관계는 부분적으로 매우 복잡하게 얽혀 돌아가고 있다. 이보다 훨씬 더 복잡한 또 다른 상관관계가 있을지 모른다고 생각할 수 있다. 나는 이것에 대해서는 아직 다루지 않았는데 아주 단순한 이유에서다. 그런 것은 존재하지 않기 때문이다.

　아주 오래전부터 너도밤나무와 참나무의 열매 수확량은 날씨를 예측하는 데 사용되어왔다. 옛날부터 농부들 사이에서는 "너도밤나무 열매와 도토리가 많이 열리면 그해 겨울은 만만치 않을 것이다" 혹은 "9월에 도토리가 많이 열리면 12월에 눈이 많이 온다"라는 속설이 있었다. 이 말이 사실인지 확인하려면 먼저 이 질문을 던져봐야 한다. "나무는 무엇을 위해 이런 행동을 할까? 나무가 겨울에 많은 씨앗을 만들 수 있도록 도움을 줄 방법은 무엇일까? 간접적인 영향은 무엇일까?"

　미안하지만 나도 정답을 모른다. 확실히 알고 있는 사실은 너도밤나무와 참나무는 몇 년 간격을 두고 한꺼번에 많은 열매를 생산하기 위해 같은 종 내에서 개화 일정을 함께 결정한다는 것뿐이다. 그 이유는 앞에서 설명했듯이 지속적으로 같은 양을 공급하면 개체수가 급증하여 생태계의 균형이 깨지기 때문이다. 그래서 너도밤나무와 참나무가 일종의 개체수 조절 전략을 쓰는 것이다.

　하나 더 추가하겠다. 꽃봉오리의 개화 일정이 나뭇잎도 마찬가지로 전년 여름에 이미 계획되어 있다는 사실이다. 나무가 씨앗 생산량을 겨울 기온에 맞춰야 한다면, 나무는 1년보다 훨씬 전에 모든 것을 예상하고 계획할 수 있어야 한다. 이처럼 너도밤나무와 참나무는 겨울 날씨를 예측할 수 있지만 우리보다 딱히 더 좋은 장비를 갖추고 있는 것은 아니다. 두 나무는 낮의 길이가 줄어드는 것과 기온이 떨어지는 것을 예측할 수 있다. 이것에 맞춰 폭설이 내리기 전에 나뭇잎이 완전히 떨어지도록 시기를 조절하는 것이다. 10월에 이른 겨울이 반복적으로 찾아오는 것을 보면 알 수 있듯이 짧은 기간에 대한 기상 예측 능력도 몇 년이 지나면 떨어진다. 그리고 녹색 잎이 여전히 달려 있는 나뭇가지가 눈의 무게를 이기지 못하고 부러지기도 한다. 나무들에게는 뼈아픈 교훈이다. 나무들은 젊은 시절에 열심히 배우고 미래를 위해 무언가 대비할 수 있다. 이것은 그냥 예방 조치일 뿐이지 날씨 예측 능력 향상과는 관련이 없다. 나무들도 1년치 날씨를 예보할 수 있는 능력은 없다. 이것은 정상적인 일이다.

　우리는 청설모의 행동에서 무엇을 예측할 수 있을까? 옛날 사람들은 청설모의 행동을 보고 겨울 날씨를 예측한다고 했다. 청설모들이 열매를 열심히 모으는 모습이 유독 눈에 띄고 너도밤나무 열매와 도토리를 많이 숨겨두면 그해 겨울에는 매서운 추위가 찾아온다고 한다. 정말로 그럴까? 그 답은 직접 찾아보길 바란다. 물론 깜찍한 설치류 동물 청설모가 다음 달 날씨를 예측할 수 있는 제7의 감각을 갖고 있지는 않다.

청설모의 수집벽은 단순히 도토리 공급량의 문제다. 나무가 씨앗을 많이 생산하면 붉은 털의 귀염둥이 청설모에게 감춰둘 수 있는 열매가 많아진다. 그러니까 나무들이 열매 생산량을 줄이기로 합의한 휴식기에는 청설모가 그만큼 열매를 조금 찾을 수밖에 없다. 그래서 우리는 청설모들이 열매를 감춰놓는 모습을 볼 수 없는 것이다.

진실과 오해의 사이 어디쯤에 상관관계가 있다. 이 경우 상관관계는 존재하지만 그 내용은 거짓인 경우가 많다. 진드기와 금잔화가 동시에 나타나는 현상이 전형적인 예다. 흡혈 곤충인 진드기는 금잔화 덤불을 좋아한다고 알려져 있다. 그런데 금잔화는 서늘한 여름과 따뜻한 겨울 기후인 대서양 유럽 지역 어딜 가도 볼 수 있는 흔한 종이다. 내가 살고 있는 아이펠만 해도 곳곳에 금잔화가 있다. 그래서 금잔화가 지천에 깔려 있는 풍경은 아이펠의 트레이드마크로 자리 잡았다. 봄이면 금잔화 덤불이 황금빛의 나비모양 꽃과 함께 도시 전체를 빼곡하게 뒤덮어 녹색 가지를 분간하기 어려울 정도다. 거대한 금잔화 덤불로 풍경을 온통 노랗게 물들인다. 그래서 우리 고향에서는 금잔화를 '아이펠골드'라고 부른다.

정말 진드기가 금잔화를 좋아할까? 금잔화 덤불은 모든 부위에 독성이 있다. 이는 사람에게만 해당되는 일이 아니다. 나뭇가지, 꽃, 나뭇잎의 독성 물질은 초식동물들에게도 두려운 존재다. 이런 이유로 노루, 사슴, 목초지 가축들은 금잔화를 피하는 경향이 있다. 야생동물 개체수가 많은 지역에서 맛있는 식물은 동물들이 죄다 먹어치운다. 이런 면에서 금잔화는 경쟁 식물보다 번식 조건이 유리하다는 장점이 있다. 금잔화의 번식은 끈질긴 만큼 성공적이다. 게다가 금잔화는 씨앗 운반을 위한 다양한 전략을 가지고 있다. 한낮의 더위에는 협과莢果*가 탁 소리를 내면서 터지고 그 안에 있던 씨앗이 주변으로 던져진다. 동그란 씨앗들은 언덕 아래로 또르르 굴러 수십 미터 멀리까지 간다. 금잔화는 이 정도로 만족하지 못하기 때문에 개미들이 나선다.

숲속의 은밀한 정복자인 개미가 다시 등장했다. 개미들은 금잔화를 도와 숲속 구석구석으로 씨앗이 퍼지도록 도와준다. 숲은 금잔화 씨앗들에게는 너무 어두운 곳이다. 다행히 금잔화

---

*　꼬투리로 맺히는 열매, 익으면 바싹 말라서 심피가 붙은 자리를 따라 터진다.

씨앗들에게 있는 건 시간밖에 없다. 어떤 씨앗은 부식토 속에서 50년 이상을 기다린다. 언젠가 폭풍우가 몰아치거나 산림관리자가 나타나 나무를 베어버릴 때까지 씨앗은 땅속에 파묻혀 있다. 토양 위에 햇빛이 비치며 오랫동안 잠들어 있던 씨앗들을 깨운다. 순식간에 씨앗들은 싹을 틔우고 1년 만에 0.5m 높이의 덤불로 성장한다.

금잔화의 평화로운 삶에 거슬리는 존재는 오로지 어린 나무들이나 라즈베리 같은 덤불이다. 이번에는 노루들이 금잔화의 지원군으로 등장한다. 노루들은 신선한 풀들을 먹어치우며 어린 금잔화들의 성장을 방해하는 그늘을 없애준다.

그러는 동안 노루의 피부에서 그동안 운반해온 짐 하나가 뚝 떨어진다. 바로 진드기다. 노루의 피부는 진드기들이 밀집되어 있는 장소다. 진드기들은 노루의 피부에서 떨어져나와 다른 덤불로 잠입하기 전 최종 단계에서 노루의 피를 실컷 빨아먹는다. 다른 덤불에서 진드기들은 알을 낳고 죽는다. 알에서 깨어난 진드기 유충들은 지나가는 쥐가 없는지 살핀다. 모충이 알을 낳으려고 멈춘 곳에서 유충들이 다시 피를 빨아먹는다. 주린 배를 채운 진드기들은 피를 빨아먹은 장소에서 떨어져나와 성장하고 탈피한다. 진드기들은 다시 주린 배를 움켜쥐고 주변에 있는 금잔화 같은 식생 근처에 매복하고 있다. 이곳에서 진드기들은 아마 우리를 포함한 몸집이 더 큰 포유동물이 오길 기다린다.

노루가 많은 곳에는 진드기도 많다. 노루는 다시 금잔화가 마음껏 자랄 수 있도록 돕는다. 그러니까 진드기들이 좋아하는 것은 금잔화가 아니라 포유동물이다. 식물 중에서 초식동물로부터 도움을 받는 종은 금잔화가 유일하다. 따라서 노루 개체수가 급증할 때 같은 공간에 서식하는 금잔화와 진드기 개체수도 당연히 증가한다. 하지만 금잔화와 진드기 사이에는 아무런 상관관계가 없다.

나무들은 의도치 않게 대단한 일을 해내기도 한다. 그 일이 자신들의 삶에는 전혀 중요하지 않을지라도 말이다. 매년 가을 놀이터에 가면 아이들이 회전 뱅뱅이를 타는 모습을 볼 수 있다. 이 놀이기구를 아는가? 뱅뱅이가 돌아가는 동안 사람들은 밖으로 다리를 쭉 뻗고 있다. 사람들이 다리를 오므리면 뱅뱅이는 더 빨리 돌아간다. 그러다가 다리를 펴면 뱅뱅이가 돌아가는 속도가 다시 느려진다. 나무들이 이 놀이기구를 좋아하는지는 모르겠다. 어쨌든 나무들은 회전 뱅뱅이를 타는 것과 유사한 행동을 매년 반복한다. 북반구에 서식하는 나무들의 잎은 동시에 떨어진다. 그리고 나뭇잎이 떨어지는 속도가 살짝 빨라지면 낮의 길이는 짧아진다. 못 믿겠는가?

이제, 아주 작은 시간 차이가 발생한다. 이 차이는 우리가 거의 인식할 수 없지만 실제로 측정은 가능하다. 육지의 대부분은 북반구에 몰려 있다. 그래서 대부분의 나무들이 북반구에 서식한다. 나무에서 나뭇잎이 떨어졌을 때 나뭇잎은 지구의 중심으로 30m가량 더 가까워진다. 나무 높이와 토양 사이 거리다. 이 떨어지는 나뭇잎들로 인해 무게중심이 안쪽으로 쏠리는 효과는 회전 뱅뱅이를 탈 때 다리를 당기는 것과 같은 원리다.

봄에 나뭇잎이 싹을 틔울 때는 이와는 정반대의 현상이 일어난다. 촉촉한 물기를 머금고 있는 신선한 나뭇잎이 무게중심을 나무 위쪽으로 이동시킨다. 따라서 지구의 중심에서 멀어진다. 이것은 우리가 뱅뱅이를 타다가 잠시 급제동이 걸리는 것과 같은 상황이다. 물론 이것은 1초도 안 되는 순간에 일어나는 현상이다. 게다가 바다의 조수와 같은 무게중심 이동 현상과 겹쳐 일어나기도 한다. 이 피루엣pirouette* 효과는 진실과 오해의 중간쯤에 있다.

이번에는 종의 다양성에 관한 속설을 다뤄보려고 한다. 실제로 우리는 일부 식물이나 동물을 위한 구제 조치가 환경에 유익할 것이라 믿는다. 드문 경우이기는 하지만 그럴 때도 있다. 특히 우리가 환경을 바꿔야 할 때 다른 종들은 완전히 파멸하는 경우가 많다. 먼저 순서대로 살펴보도록 하자.

상호작용은 여러 가지 측면에서 이뤄진다. 이것을 보면 우

---

* 한 발을 축으로 팽이처럼 도는 춤 동작.

리가 자연의 상관관계를 제대로 이해하고 있는지 의구심이 생긴다. 지금까지는 매우 복잡한 방식으로 서로 영향을 끼치는 몇몇 동물의 사례만 살펴보았다. 저글링 곡예사가 두 개의 공만 번갈아가면서 던지고 받기를 반복하다가 공을 하나 더 늘리면 동작이 더 복잡해지고 공이 눈에 잘 보이지 않는다. 자연도 이와 비슷하다. 독일의 최신 생태학 자료를 기준으로 하면 이 '저글링에 사용되는 공'의 수가 독일에서는 동물, 식물, 균류를 포함해 7만 1,500개, 전 세계적으로는 180만 개다.[48]

복잡해 보이지만 실제로는 훨씬 더 복잡하다. 우리가 아직 발견도 못한 동식물들이 꽤 많기 때문이다. 얼마 전 나는 곤충학자와 그사이 멸종위기에 처한 종에 관한 대화를 나눌 기회가 있었다. 딱정벌레나 파리 같은 곤충들은 연구 지원비도 너무 적고 연구자가 부족해 후진을 양성할 기회도 거의 없다고 한다. 독일에서 확인된 종은 7만 1,500종이지만, 아직 발견되지 않은 종들이 곳곳에 공백으로 남아 있다. 그런데 여기에 생태계에 어떤 영향을 끼칠지 모르는 종들이 더 있다는 얘기다. 그렇다면 우리가 자연을 완벽하게 이해할 수 없는 것은 너무도 자명한 사실 아닌가? 나는 우리가 모든 것을 완벽하게 이해하려고 애쓸 필요도 없다고 생각한다.

앞 장에서 생태계가 얼마나 깨지기 쉬운지, 그리고 특정한 종이 사라지면 어떤 결과가 나타나는지 살펴보았다. 현재 생태계에 대한 우리의 지식 수준으로는 가능하면 자연환경에 손대지 않고 보호하거나 내버려두는 것이 최선이다. 그렇다면 손대지 않는 것은 무엇을 의미할까? 이런 관점에서 대체 누구의 말을 믿어야 할까?

독일에서 제3차 국가산림조사를 실시한 결과 독일에 서식하는 나무들의 평균 연령은 77세라고 한다. 담당 관청인 독일연방 식품·농업·소비자보호부 소개 책자에는 고령 나무의 생태학적 중요성을 찬양하면서도 이 상황이 정상이라고 주장한다.[49] 그러나 나무즙 꽃등에는 분명 이의를 제기할 것이다. 나무즙 꽃등에는 2005년에 처음 발견되고 이후 전 세계에서 6번 발견되었다. 말 그대로 완전 희귀종 곤충이다. 여기에는 그럴만한 이유가 있다.

나무즙 꽃등에는 날개를 가지고 있지만 날아다니는 것을 별로 좋아하지 않는다. 대신 원시림에 사는 것을 가장 편하게 여긴다. 원래 나무즙은 원시림 수피의 상처 난 부분에서 흘러나오는데 나무즙 꽃등에는 이 나무즙을 아주 좋아한다. 나무즙은 점액성 덩어리를 형성하는 박테리아나 다른 미생물들의 기본 식량이다. 따라서 원래 박테리아나 미생물들이 서식하는 곳에서도 나무즙 꽃등에를 볼 수 있다. 문제는 최소 120년 된 고목에만 나무즙이 흘러나오는 위치가 있다는 것이다. 정부의 소개 책자에서 독일 나무의 평균 연령이 77세인 것에 만족했으니 나무즙 꽃등에는 불안 초조할 수밖에 없지 않은가!

프랑크 지오크Frank Dziock 박사가 보고했듯이 나무즙 꽃등에는 우연히 발견되었다.[50] 꽃등에가 홍수에 어떤 반응을 보이는지 확인하려고 홍수 지역에 곤충 덫을 쳐놓았었다. 처음에 그는 덫에 걸린 곤충들 중에서 등에 있는 두 개의 점을 제외하고는 별다른 점을 발견하지 못했다. 그런데 이 꽃등에는 알려진 종이 아니었다. 지금까지 발견되지 않았던 종의 꽃등에인 것이 틀림없었다.

나무즙 꽃등에는 상처가 있는 고목에서 서식한다. 산림을 계획적으로 육성하여 이용하는 경제림 간벌 작업 기준으로 판단한다면 상처가 있는 나무들이 심각하게 손상된 상태라면 차라리 베어버리는 것이 낫다. 반면 너도밤나무와 참나무는 세월이 흐를수록 더 두꺼워지므로 비싼 제재목으로 사용할 수 있다. 나무즙 꽃등에는 운도 없다. 나무즙 꽃등에가 고목을 베어버리지 말라고 애원한다고 해도 이 요구가 받아들여질 리 없다. 벌목을 하고 난 자리에는 자연보호를 목적으로 곳곳에 새로운 나무들이 심긴다. '라스트 모히칸'인 고목들은 더 이상 버틸 수 없다. 토양에 햇빛이 비치면서 주변 온도가 올라가면 습하고 시원한 전형적인 숲속 기후의 특성이 사라진다. 나무의 뿌리와 균류에 의해 형성된, 나이 많고 병약한 나무를 돕는 네트워크가 파괴된다. 이 네트워크는 숲의 건강에 중요한 역할을 한다. 그래서 우리는 이 부분에 대해 좀 더 자세히 살펴봐야 한다.

나는 전작 『나무의 비밀스러운 사생활』에서 숲속 생태계의 인터넷인 우드와이드웹에 대해 설명한 적이 있다. 우드와이드웹은 균류로 구성되어 있다. 균류는 실 모양으로 되어 있으며 토양에서 성장하면서 나무와 다른 식물들을 서로 연결시켜주는 역할을 한다. 균류는 아주 특이한 무리들로, 식물에도 동물에도 속하지 않는다. 굳이 말하자면 동물에 가까울 것이다. 균류가 광합성을 한다? 잘못된 정보다. 균류는 키틴 같은 곤충처럼 세포벽이 있는 다른 생물을 통해 영양분을 섭취한다. 점균류와 같은 일부 균류는 심지어 움직일 수 있다. 하지만 모든 균류가 주변 생물들에게 친절한 것은 아니다. 뽕나무버섯은 당을 얻고 수피에서 다른 맛있는 영양분을 가져오기 위해 나무를 습격한다. 그 과정에서 뽕나무버섯은 나무를 쓰러뜨려 죽이고 흙에 사는 다른 공격 대상으로 이동한다. 나무들이 균류와 곤충의 공격에 대책 없이 당하고만 있는 것은 아니다. 나무들은 서로에게 보내는 경고 신호를 신뢰한다. 예를 들어 나무들은 향기 신호를 내뿜어 다른 나무들에게 주변에 적이 있다는 정보를 전달한다. 나무가 이 신호를 받아 방어 물질을 수피로 보내고, 정신없이 나무를 뜯어먹던 곤충이나 포유동물들은 식욕을 잃고 달아난다.

운 나쁘게 바람이 불어 경고 메시지가 한 방향으로만 전달

될 때도 많다. 바람에 맞서려면 다른 방법이 필요하다. 먼저 뿌리들이 합의를 본다. 뿌리는 다른 종 나무의 뿌리에게도 연락을 취하고 화학 신호와 전기 신호를 통해 중요한 소식을 전달한다. 물론 뿌리의 네트워크가 구석까지 연결되어 있지는 않다. 원시림 거목이 죽으면 연결이 끊길 때도 있다.

네트워크 연결이 끊겼을 때 균류가 조력자로 나선다. 인터넷의 유리섬유 케이블처럼 지하에 묻힌 섬유를 통해 나무에서 나무로 메시지를 전달한다. 순식간에 숲 전체에 소식이 퍼진다. 서비스에 공짜가 어디 있는가? 그 대가로 균류는 너도밤나무와 떡갈나무의 광합성 생산량 3분의 1을 뿌리를 통해 당과 탄수화물의 형태로 받아 챙긴다. 이것은 엄청난 양이다. 나무 한 그루에서 목재를 형성할 수 있는 에너지 양인 것이다. 나머지 3분의 2의 생산량은 수피, 나뭇잎, 열매의 에너지로 구성된다.

많이 요구했으면 일도 확실하게 처리해줘야 하는 법이다. 균류는 이 분야에서는 고수다. 하지만 이 일은 결코 만만치 않다. 우드와이드웹에서는 시스템 장애가 반복적으로 발생한다. 겨울에는 야생 멧돼지들이 너도밤나무 열매, 도토리, 쥐들의 보금자리를 찾느라 숲속은 물론이고 땅속까지 들쑤시고 돌아다닌다. 결국 균류의 서식 환경이 훼손되면서 네트워크 연결이 끊긴다. 그래도 걱정할 것 없다. 준비성이 철저한 균류들이 만일의 사태를 대비하여 여러 개의 회선을 동시에 만들어놓았기 때문에 훼손되지 않은 회선을 사용하면 된다. 그래서 우리는 가을에 그물버섯, 밤, 꾀꼬리버섯 등을 딸 때 비틀어 딸지 잘라버릴지 고민하지 않아도 된다. 자연애호가들은 이 문제로 오랫동안 논쟁을 벌여왔지만 우리는 그럴 필요가 없다. 이렇게 손상된 상처는 땅속에서 금방 회복되기 때문이다.

균류가 나무에서 나무로 정보와 당을 전달하는 서비스만 제공하는 것은 아니다. 균류는 또 다른 서비스를 준비하고 있다. 그래서 나무뿌리는 흙의 영양분은 거의 건드리지 못한다. 나무뿌리들이 빨아들인 인 화합물은 밀리미터 범위 내에서 바로 소비된다. 뿌리의 부드러운 가지가 균류가 쳐놓은 망의 실에 감싸이고, 다시 거대한 네트워크와 연결된다. 이렇게 하면 저 멀리 떨어져 있는 땅속 식물들도 원하는 영양분을 마음껏 공짜로 실어나를 수 있다.

균류는 아주 오래 산다. 다른 모든 생명체들처럼 균류는 아주 작은 것에서 탄생했다. 이것이 바로 포자胞子다. 이런 포자들에게 큰 고민거리가 있다. 포자가 버섯의 갓 바로 아래로 떨어진다는 것이다. 이 장소는 이미 모균류가 차지하고 있다. 포자를 퍼뜨리는 것이 불가능해진 것이다. 버섯의 갓에서 떨어져 어디론가 떠나고 싶어하는 포자만 수십억 개가 있다. 게다가 숲속 토양에는 바람이 잘 불지 않는다. 이때 균류의 독특한 구조가 중요한 일을 해낸다.

수정에 성공한 포자는 대개 꽃자부의 형태로 버섯의 갓과 함께 위쪽 자리를 차지하고 있다. 생물수학Biomathematics 학자인 캘리포니아대학교 마커스 로퍼Marcus Roper 교수가 발견했듯이 여기에도 심오한 뜻이 있다. 포자는 아래쪽 구멍에서 나온다. 아래쪽으로 향하는 이유는 비로부터 보호받고 습기로 인해 덩어리로 뭉쳐지는 것을 막기 위해서다. 버섯의 갓은 증기를 내뿜어 주변 공기를 서늘하게 해준다. 주변 공기는 갓의 가장자리에서 차가워졌다가, 포자가 이 공기를 받아들이면서 다시 따뜻해진다. 그 결과 공기와 포자는 위쪽 측면으로 올라간다. 버섯 갓으로부터 10cm쯤 되는 위치다.[51] 미풍에 실려 꼬마 여행객인 포자가 다른 곳으로 이동한다. 결국 그물버섯은 살아남은 것이다.

다행히 작은 포자들은 숲의 토양에 아직 정착하지 않았다. 이곳에서 포자들은 작은 실모양의 가지인 균사로 자란다. 그리고 식물 뿌리로부터 신호를 기다린다. 주변에서 화학 신호를 받지 못한 포자들은 다시 균사로 들어간다. 여러 번 신호 요청을 시도해도 될 만큼 영양소도 풍부히 저장되어 있다.[52] 너도밤나무 등 연락을 원하는 식물과 연락에 성공하면 드디어 포자의 길고 긴 인생 여정이 시작된다. 나이 대결에서 나무는 균류를 이길 수 없다. 그래서 북아메리카 숲의 토양에서는 아주 오래된 뽕나무 버섯들이 뿌리의 망에 얽혀 있는 상태로 발견된다. 지금까지 최고령 버섯은 조개뽕나무버섯 Armillaria ostoyae 종으로, 나이

는 무려 2,400세, 9km²에 달하는 면적에 걸쳐 퍼져 있다.53

　균류의 세계를 완벽히 파헤치려면 아직 멀었다. 자연 생태계에는 한 발짝 거리마다 무수히 많은 비밀이 감춰져 있다. 나무만 해도 특별한 환경에서만 살 수 있는 다양한 존재들이 활동하고 있다. 여기서 나무좀은 제외하겠다. 나무좀이 서식하는 공간은 아주 단순하다. 좋아하는 먹이만 있으면 그 곳이 나무좀들의 집이다. 이들이 나무에게 원하는 조건은 단 하나다. 몸이 약해서 나무좀의 공격에 대한 방어 능력이 없으면 된다. 그래야 나무좀들은 수피와 형성층形成層*을 신나게 뜯어먹을 수 있기 때문이다. 그런데 이것은 다양한 종의 나무들이 퍼져 있는 지역에서는 어디서나 찾을 수 있는 조건이다. 나무좀 때문에 멸종하는 종은 거의 없는 셈이다.

　반면 전문가들의 입장은 전혀 다르다. 나무에 서식하는 생물들이 나무에게 까다로운 조건을 제시한다는 것이다. 예를 들어 갈색거저리Tenebrio molitor들은 별로 까다롭지 않은 것처럼 묘사되지만, 그 녀석들은 많은 조건이 채워져야 만족하는 곤충이다.

　처음에는 오래된 너도밤나무 숲 하나가 있었다. 그리고 이곳에 검은딱따구리 한 쌍이 둥지를 틀었다. 딱따구리 커플에게 점점 더 많은 공간이 필요해지면서 영역이 넓어졌다. 새들은 시

---

* 　물관과 체관 사이에 있는 층, 살아 있는 세포층으로 이루어져 있으며, 부피생장이 일어나는 곳으로 부름켜라고도 한다.

간 여유를 가지고 집을 짓는다. 이들에게 더 많은 공간이 필요한 원인은 나무의 강도에 있었다. 다른 딱따구리들과 달리 검은 딱따구리들은 건강한 나무를 찾는다.

건강한 너도밤나무는 아주 단단하여 딱따구리들이 좋아할 만한 서식 공간이다. 딱따구리의 뇌는 두개골 속에 고정되어 있어서, 스타카토로 쪼아대는 소리가 나도 인간의 뇌처럼 이리저리 흔들리지 않는다. 게다가 부리가 충격을 흡수하여 뇌에 전달하도록 독특한 구조로 되어 있어서 딱따구리는 뇌진탕에 걸리지 않는다. 그렇다고 해도 딱딱한 나무를 계속 쪼려면 인내심이 필요하다. 처음에는 집의 전체 구조를 잡고 나이테 바깥쪽 입구를 부리로 쪼기 시작한다. 그리고 딱따구리들은 몇 년 동안 집 짓기 공사 현장을 내버려둔다.

때맞춰 균류들은 명령을 받는다. 균류는 검은딱따구리들이 첫 삽을 뜨고 얼마 되지 않아, 그러니까 나무를 부리로 쪼기 시작한 지 10분 후쯤에 현장에 나타난다. 이들 균류의 포자가 모든 공간을 점령한다. 이곳에 균류가 나타나 나무를 좀먹고 분해하면 또 새로운 균류가 자란다. 이 과정을 거치면서 나무는 부드럽고 물컹해진다. 딱따구리 부부들은 두통을 피하고 싶어 나무가 물러지도록 수년 동안 기다린 후 다시 집을 짓는다. 나무집이 완성되면 그곳에 알을 낳는다.

그런데 모든 일이 항상 원하는 대로 돌아가는 것은 아니다.

기껏 새로운 둥지를 지어놨더니 엉뚱한 새들이 둥지에 날아들어와 얹혀살려고 한다. 수줍음이 많은 분홍가슴비둘기는 검은딱따구리에게 경고를 받고 조용히 나간다. 반면 서양갈까마귀는 끈질기게 검은딱따구리들의 집에 들어와 세 들어 살려고 한다. 검은딱따구리들은 처음부터 끝까지 집짓기 프로젝트를 잘 마무리지어야 한다. 다행히 검은딱따구리들은 여러 곳에 집을 지어둔 덕에 암컷과 수컷이 각각 침대 하나씩 차지하며 잘 수 있다.

수십 년이 지나면 딱따구리의 나무집은 서서히 부패하기 시작한다. 새끼 검은딱따구리들에게는 너무 높기 때문에 언젠가 떨어지기라도 하면 큰일이다. 새끼들은 아직 날지 못하기 때문에 나무집 입구로 날아 들어갈 수가 없다. 주저하고 있던 비둘기들에게 다시 한 번 차례가 돌아온다. 비둘기들은 집짓기 재료를 준비해 온다.

하지만 집은 계속 썩어 들어간다. 구멍은 점점 커지고 부엉이가 들어와도 될 정도다. 이제 부엉이들도 그 사이 규모가 웅장해진 나무집을 수년 동안 애용했다. 그러면 노란목들쥐 한두 마리가 건조하고 따뜻한 나무 내부에 들어와 편안하게 산다. 건조해진 탓에 먹을 것이 사라지고 동물들의 피부 껍질이 벗겨진다.

세입자들이 여러 번 바뀌고 드디어 깐깐한 갈색거저리의 순서가 되었다. 이곳에는 갈색거저리들이 좋아하는 음식이 많다. 갈색거저리와 유충들은 균류에서 부스러기처럼 떨어져나온 나무, 곤충 시체 찌꺼기, 깃털, 피부 껍질은 물론이고 세입자들이 버리고 간 온갖 작은 쓰레기를 좋아한다. 맛있는 식사하시길![54] 그런데 갈색거저리와 유사종 곤충이 멸종위기라는 사실이 믿어지는가? 부패한 나무들은 경제림으로는 인기가 없기 때문이다. 나무에 딱따구리들이 쪼아서 낸 상처가 있으면 바로 베어버리고 나무 내부까지 썩어서 완전히 못쓰게 되기 전에 팔린다. 적어도 종의 보존에 조금이나마 도움이 되는 나무 후보가 있기는 하다. 이 외로운 '라스트 모히칸'들은 큰 쓸모는 없다. 엄격한 생활 공동체를 유지하려면 나무집이 많이 필요하다.

이런 곳에서는 나무좀이나 꽃등에나 똑같은 곤충이다. 다양한 종을 유지하는 방법은 하나뿐이다. 개별적으로 구제 조치를 시행하는 대신 넓은 면적이 산림경영 차원에서 허용되어야 한다. 질서 있는 산림경영이 경제와 자연보호를 위해 가장 좋은 조합이라는 주장은 신화와 전설의 영역으로 보내야 한다.

나무는 나무좀의 공격을 마냥 당하고 있지만은 않듯이 변덕스런 기후변화를 마냥 불평 없이 받아들이지 않는다. 나무는 엄청난 기후 차이를 극복할 뿐만 아니라 날씨 변화에도 적극적으로 개입한다. 자세한 내용은 다음 장에서 살펴보도록 하자.

나무는
천천히
자란다

나무는 인간이 초래한 변화에 단기적으로 반응을 보일 수 없다.
나무의 시간 개념은 우리와는 다르기 때문이다.
새로 태어나는 세대에는 유전적 변화가 나타날 수 있다.
그러나 이러한 변화도 모수가 죽고 후손들이 성장할 공간이
마련된 수백 년 혹은 수천 년이 지나야 가능한 일이다.
나무의 일생에서 변화는 예외라기보다는 규칙에 가깝다.
여기에 맞춰 나무는 균형 전략을 개발해야 한다.

나무가 여러 자연환경과 어우러져 큰 숲을 이루면 기후변화에 무방비 상태로 노출되지 않는다. 잘 조성된 숲은 공기 중 습도와 온도를 스스로 조절할 수 있을 뿐만 아니라, 그로 인해 광범위한 요소들에 영향을 끼칠 수 있다. 최근 이러한 관점에서 산림경영 이후 유럽의 숲에 일어난 변화를 연구한 국제 연구 단체의 보고가 있었다.[55] 이 연구에서는 특히 과거 활엽수림 지역에 침엽수 조림 후 일어난 변화를 중점적으로 다루었다.

독일 막스플랑크기상학연구소의 김 나우츠^{Kim Naudts} 연구팀은 나무의 반사 능력에 특히 관심을 보였다. 활엽수는 침엽수보다 잎의 색이 더 밝다. 활엽수가 침엽수보다 수관 위로 떨어지는 햇빛을 더 많이 흡수하기 때문이다. 그 옛날 독일을 뒤덮고 있던 너도밤나무 숲은 뜨거운 여름날에도 $1km^2$당 최대 $2,000m^3$의 수분을 발산한다. 그 덕분에 숲의 기온이 서늘하게 유지된다. 반면 침엽수림이 흡수할 수 있는 수분의 양은 이보다 적기 때문에 침엽수림 지역의 공기는 더 건조하고 날씨는 더 덥다. 그러니까 침엽수림은 활엽수림보다 물을 아껴 사용하기 때문에 잎의 색이 더 짙은 것이다.

이번 장에서 말하려고 하는 것은 산림경영이 기후변화에 끼친 영향이 아니다. 이런 상황이 침엽수림을 심고 난 후 우연히 나타난 결과인지 아니면 산림경영 때문인지 밝히는 데 초점을 맞출 것이다. 독일 숲의 개량 품종은 아직 서늘한 기후의 원시림 지대와 같은 야생 품종만 있기 때문이다.

바로 이 부분이 장점이 될 수 있다. 타이가 지대^{Taiga*}의 여름은 기껏해야 몇 주밖에 안 된다. 나무가 성장할 시간은 물론이고 번식이나 열매를 맺을 시간도 없다. 숲 주변 공기를 따뜻하게 함으로써 숲 생태계의 온난한 기후를 단 며칠이라도 늘릴 수 있을까? 논리적인 주장인 듯하지만 아직은 확실치 않은 부분이 있다.

가문비나무와 소나무에게 따뜻한 날이 얼마나 필요한지는 이들의 겨울나기 전략을 보면 알 수 있다. 활엽수와 달리 침엽수는 뾰족하고 얇은 잎이 가지에 달려 있어서 필요하다면 이 전략을 바로 써먹을 수 있다. 독일에서는 2월 말이나 3월 초가 되면 침엽수는 이미 봄맞이 준비를 한다. 반면 너도밤나무와 참나무는 여전히 겨울잠을 자고 있다. 햇빛이 공기와 짙은 녹색의 수관을 따뜻하게 덮혀주면 가문비나무와 소나무는 일찌감치 당을 생산하기 시작한다.

---

*   타이가는 가문비나무, 전나무, 소나무 등 냉대침엽수림을 말하며, 이들 나무가 분포하는 유라시아 대륙에서 북아메리카를 띠 모양으로 둘러싼 지역을 '타이가 지대'라고 부른다.

이것도 논리적인 것처럼 들린다. 그리고 이 과정이 일어나기 때문에 매년 겨울이 끝날 무렵 해가 쨍쨍 내리쬐는 날에 새로운 모습을 관찰할 수 있다. 그런데 이 중 절반만 사실이다. 실제로 침엽수림의 작용 중 앞서 설명한 과정에서 다뤄지지 않은 다른 부분이 있다. 끝없이 펼쳐지는 타이가 지대에서는 테르펜Terpene**이라는 독특한 물질이 생성된다. 우리가 숲을 산책할 때마다 가문비나무와 소나무는 이 물질을 발산하여 향긋한 향내로 우리의 코끝을 간질인다. 햇빛이 강렬할수록 더 강한 향내가 풍긴다.

이러한 상관관계를 전부 우연이라 치부할 수는 없다. 관련 연구결과에 의하면 방출된 테르펜 분자에 물 분자가 달라붙어 있었다고 한다. 반면 대기 중에서 구름은 이렇게 쉽게 형성되지 않는다. 물 분자들끼리 충돌해도 물 분자들은 달라붙은 상태로 있지 않고 다시 분리된다. 그렇게 되면 실제로는 비가 내릴 수 없다. 비가 내리려면 그만큼 많은 분자 집단들이 뭉치고 물방울이 맺혀 땅으로 떨어져야 하기 때문이다.

공기 중에 작은 입자들이 떠돌아다니면서 물과 이 입자들이 결합할 때에만 이러한 분자 집단들이 형성될 수 있다. 화산에서 나온 재, 사막의 먼지, 바다의 아주 작은 소금 결정체 등

** 가연성의 불포화 탄화수소로 송백류에서 분비하는 방향족 화합물. 일반적으로 향기로운 냄새가 나며 향료나 의약품의 원료로 쓰인다.

원래 자연에는 이런 종류의 입자들이 많다. 식물은 이런 입자들을 활발하게 방출한다.

여기서 침엽수가 또다시 중요한 역할을 한다. 침엽수는 엄청나게 많은 양의 테르펜을 공기 중으로 내뿜는다. 날이 더울수록 내뿜는 양이 많다. 그런데 테르펜은 우주에서 날아오는 미세한 입자인 우주선cosmic rays*이 없으면 그냥 향긋한 냄새만 발산한다. 이 우주선은 끊임없이 우리를 향해 우수수 떨어지고 있다. 심지어 몸속을 뚫고 들어오기도 한다. 지금 이 책을 읽고 있는 동안 우리를 관통하기도 한다. 우주선은 테르펜의 방출 효과를 자연 상태의 최소 10배에서 최대 100배까지 높여준다. 이 상태에서는 물과 아주 쉽게 결합한다.[56] 그래서 시베리아와 캐나다의 끝없는 침엽수림이 비를 유발하거나 생성할 수 있는 것이다.

구름이 생기고 비가 오지 않아도 숲에는 이익이다. 숲에 짙은 안개가 깔리면서 공기가 급격히 차가워지고 토양의 증발률이 떨어지기 때문이다. 나무가 구름에 뇌우까지 생성시킨다면 로또에 당첨된 것이나 마찬가지다. 작은 뇌우 하나가 5억L의 비를 내리게 할 수 있기 때문이다.[57]

물론 한 가지 문제가 있다. 침엽수림의 짙은 녹색 수관이 공기를 덥혀주기 때문에 침엽수림은 더 빨리 봄맞이 준비를 할

---

* 우주에서 지구로 쏟아지는 높은 에너지를 지닌 각종 입자와 방사선 등을 총칭한다.

수 있다. 한편 침엽수림은 구름을 만들어 공기를 다시 식힌다. 이 모든 것이 우연, 그러니까 자연이 변덕을 부리고 있는 걸까? 전혀 관련이 없는 것처럼 보이는데 대체 여기에는 어떠한 상관관계가 숨어 있을까?

각 계절마다 일어나는 현상을 관찰하면 이 상관관계를 이해하는 데 도움이 될지 모른다. 이른 봄, 가문비나무와 소나무가 공기를 덥혔을 때 기온은 아직 높이 올라가지 않은 상태다. 침엽수의 뾰족한 잎 덕분에 햇빛이 공기를 조금만 덥혀주어도 나무 조직의 온도가 올라간다. 그래서 침엽수림은 바로 새로운 잎을 만들어내야 하는 활엽수림보다 더 빨리 봄을 맞을 수 있는 것이다. 여기서 '조금만 덥혀주어도'라는 말은 정말로 조금이라는 의미다. 온도가 -4℃만 넘어도 충분하다. 이 온도에서도 가문비나무는 당을 생산하지만 아직 테르펜은 내뿜지 못한다.

이 상황에서는 나무가 거대한 파라솔 모양으로 수증기를 내뿜는 것이 비생산적이다. 기온이 5℃가 되면 물질대사는 일어나지만 나무줄기는 성장하지 않는다. 즉 나무의 키가 자라지 않는다. 10℃가 넘어야 본격적으로 당이 생산되기 시작한다. 태양 에너지가 당으로 전환되고 나무들이 새롭게 자라나며 이렇게 생긴 에너지는 새싹의 키를 성장시키는 데 사용된다. 나무가 제대로 성장하려면 여름에는 펄펄 끓다가도 겨울에는 날씨가 추워야 한다. 하지만 40℃를 넘으면 침엽수는 심각한 손상을 입는다.[58]

시베리아 날씨라고 하기에는 너무 덥다고 생각하는가? 여름과 겨울의 기온차가 심해도 문제될 것이 없다. 바다가 중간에서 온도 조절을 해주기 때문이다. 바닷가에서는 겨울에는 따뜻한 바람이 불고 여름에는 서늘한 바람이 분다. 바닷물이 겨울에는 난방 장치 역할을, 여름에는 더위를 식히는 에어컨 역할을 해주고 있는 셈이다. 반면 내륙 지방에서는 이 효과를 거의 체감할 수 없다. 겨울에는 혹한이 찾아오고 여름에는 폭염이 기승을 부린다. 이런 상황에서 인근 내륙 지방에 퍼져 있는 침엽수림이 스스로 보온 효과와 냉각 시스템을 개발하는 것은 당연한 이치다. 특히 침엽수림의 냉각 시스템은 희귀한 강수 현상과 관련이 있다.

타이가 지역 사진이나 혹시 차를 타고 가다가 이 지역의 바깥 풍경을 보면 가문비나무와 소나무로만 이뤄져 있지 않다. 타이가 지역의 활엽수림 비중은 생각보다 높다. 특히 자작나무가 눈에 많이 띈다. 대개 험한 기후를 이겨낸 가문비나무의 비중이 많은 지역에서는 자작나무가 잘 자랄 수 없다. 자작나무는 유기 물질을 훨씬 적게 배출하고, 초봄에는 짙은 녹색 잎이 추위에 꽁꽁 얼어붙은 나무줄기를 녹여줄 수 있는 상태가 아니기 때문이다. 반면 구과식물毬果植物*은 훨씬 늦게 봄을 맞이한다. 구과식

---

* 열매의 형태가 둥근 모양을 한 식물로 겉씨식물의 구과목 중 은행나무와 소철류를 제외한 것.

물의 봄맞이 철이 다가왔을 때 자작나무 잎은 이미 다 자란 상태라 더 많은 에너지를 필요로 한다.

활엽수와 침엽수가 공존하는 환경에는 어떤 장점이 있을까? 정확하게 말해 두 가지 장점이 있다. 첫 번째 장점은 침엽수림의 건조한 상태를 해결하는 데 도움이 된다는 것이다. 겨울에 활엽수는 침엽수보다 수분을 적게 잃는다. 이들은 날씨가 따뜻할 때도 엽록소 결핍으로 인해 밖으로 수분을 내뿜지 않기 때문이다. 두 번째 장점은 후손 번식에 관한 것이다. 자작나무, 포플러, 버드나무 같은 활엽수의 씨앗은 침엽수 씨앗보다 훨씬 더 멀리 날아간다. 그래서 산불이 난 후에도 활엽수는 금세 다시 자라고 새로운 숲을 형성한다. 하지만 나이가 많은 숲일수록 가문비나무와 소나무가 많기 때문에 숲이 더 어둡고 빛을 좋아하는 활엽수는 점점 사라져간다.

모든 나무들에게는 기후 및 생태학적 니치가 있다. 유럽에도 몇 가지 특성이 있다. 유럽은 기후가 상대적으로 온화한 편이지만 몸집이 큰 식물들이 서식하기 어려운 조건이 있다. 바로 Cfb**라는 것이다. 암호처럼 보이지만 기후 유형의 약어다. 유럽은 여름의 기온도 적당히 덥고 습도도 적당하다. 한마디로

** 　서안해양성 기후에서 10℃ 이상인 달이 네 달 이상인 경우를 표시하는 기호.

온화하고 축축하고 따뜻한 기후다. 언뜻 보기에는 훌륭한 조합이다. 그런데 유럽의 기후가 이렇게 간단하지만은 않다. 여름에는 35℃가 넘는 폭염이, 겨울에는 -15℃ 미만인 혹한이 기승을 부린다. 유럽의 토종 식물에게는 정상적인 서식 조건이다.

이런 상황에 적응하기 위해 나무들은 기온이 -5℃ 아래로 내려가면 빠른 속도로 수축한다. 물론 나무줄기의 직경도 함께 줄어든다. 나무가 외적으로 수축하는 것 자체는 문제가 아니다. 이러한 습관적이고 기계적인 과정이 나무의 크기 변화에 큰 영향을 주는 것은 아니기 때문이다. 기껏해야 원래 크기와 1cm 정도밖에 차이가 나지 않는다. 물이 안쪽으로 이동하기 시작하다가 날이 더워지면 다시 원래 상태로 돌아온다.[59] 이것으로써 겨울잠을 자는 동안에도 나무는 완전히 휴식을 취하고 있지 않다는 사실이 입증된 셈이다.

참나무는 혹한에 가장 강하다고 알려져 있다. 하지만 참나무에게도 견딜 수 있는 한계가 있다. 참나무는 나무줄기가 손상되지 않은 상태, 목재의 결도 균일하고 흠잡을 데 없이 깔끔한 상태에서만 혹한을 견딜 수 있다. 하지만 과거에 굶주린 사슴들이 수피를 갉아먹고 트랙터가 타이어로 나무의 뿌리와 줄기 사이를 짓밟고 지나갈 때 참나무들은 상처를 입었다. 그렇다면 참나무들은 온몸이 상처투성이일 것이므로 새로운 수피가 그 상처를 덮어줘야 한다. 문제는 이제부터다.

일반적으로 나무줄기에 있는 목질 섬유의 결은 세로 방향이다. 그래야 나무줄기에 응력*이 생기지 않기 때문이다. 폭풍으로 인해 나무가 살짝 옆으로 기울어졌을 때 나무의 탄성이 작용하여 용수철처럼 앞으로 튕겼다 뒤로 튕겼다 한다. 그런데 상처를 입은 나무는 상처 부위에 우선순위를 둘 수밖에 없다. 상처로 벌어진 틈에 새로운 수피가 밀려 들어오려면 형성층이 자동으로 움직여줘야 한다. 맑고 투명한 성장층인 형성층은 바깥쪽으로는 새로운 수피 세포를, 안쪽으로는 나무를 밀어넣으며 분리시킨다. 이 나무는 시간이 지날수록 몸집이 두꺼워지고 몸집 크기에 맞춰 수관도 커진다.

나무의 상처가 치유되는 과정에도 아름다운 질서가 있다. 우선 새로운 수피 아래에 두꺼운 혹이 생긴다. 이 혹이 나무의 치유를 촉진시킨다. 나무가 머뭇거리면 균류나 곤충이 그 틈새를 파고들어 혹을 차지할 수 있다. 완전히 엉망진창이 된 이곳에서는 수피가 정상적인 방향을 유지할 수 없다. 이 상황에서 수피의 방향은 중요하지 않다. 몇 년이 지나야 나무의 성장속도는 정말 느리다 이 모든 과정이 끝난다. 즉 상처가 치유된다. 물론 사슴이나 트랙터 때문에 깊게 파인 상처는 평생 남는다. 이 상처는 시간이 지나도 절대 잊히지 않는다. 그러다가 매서운 추위가 찾아오

---

* 변형력 혹은 스트레스라고도 하며 물체가 외부 힘의 작용에 저항하여 원형을 지키려는 힘을 말한다.

면, 습기를 머금고 있던 나무의 겉 부분이 꽁꽁 얼어붙는다. 이 얼음 때문에 나무줄기는 터지기 일보직전에 이른다.

혹한을 잘 견딘다는 참나무도 이런 상황은 극복하기 힘들다. 오랜 상처로 나무의 결은 엉망진창이고 주변이 완전히 얼어붙어 심한 압력을 받고 있기 때문이다. 꽁꽁 얼어붙은 겨울밤 숲 속에서는 폭발음이 들린다. 그런데 이것은 사냥꾼이 쏜 총소리가 아니라 참나무 조직의 상처 부위에 이상이 생기면서 갑자기 터지는 소리다. 이 소리는 수 킬로미터 먼 곳에서도 들을 수 있다. 전문가들은 이것을 '결빙음frostrisse' 현상이라고 한다.

여름 날씨가 너무 더워도 문제가 생긴다. 일반적으로 나무는 사소한 기후변화는 스스로 조절할 줄 안다. 앞에서 설명했듯이 날이 더우면 나무들은 엄청나게 많은 양의 물을 소비한다. 다 같이 땀을 배출하는 셈이다. 나무가 공기 중으로 수분을 배출하면 기온이 내려가면서 숲에 적정 온도가 유지된다. 그런데 더운 날씨가 한 달 내내 계속되면 나무는 수분 부족에 시달리고 토양에 저장해두었던 물마저 모두 써버린다. '우드와이드웹'을 통해 수분이 부족한 나무들에 관한 소식이 전해진다. 그리고 다른 나무들에게 마지막 한 방울까지도 아껴 쓰라는 소식이 전달된다.

햇빛이 너무 강해 펄펄 끓는 날씨일 때 나무는 건조함에 시달린다. 그러다가 상태가 심각해지면 나무는 비상 구호 요청을 한다. 나뭇잎의 일부가 황갈색으로 변하면서 떨어지기 시작한다. 나무는 이런 식으로 수분 증발 면적을 관리한다. 반면 당 생산량은 급격히 감소한다. 탐탁지는 않지만 배고픔을 참고 갈증을 해결한 것이다.

극심한 가뭄에 시달리다가 다시 비가 내려도 한여름과 늦여름에는 나무에 새 잎이 나지 않는다. 원래 나무의 새 잎은 6월까지만 나기 때문이다. 이듬해 봄에 새싹을 돋게 하는 데 필요한 저장 물질은 이미 다 써버리고 없다. 이 상태에서 해충의 습격이라도 받으면 나무는 이겨낼 힘이 없다. 현대식 산림경영에서는 무거운 장비를 사용하므로 토양이 짓눌려 있다. 이렇게 짓눌린 토양에는 빈 공간이 없기 때문에 적은 양의 물만 저장된다. 나무가 성장하는 데 저장 탱크의 물이 모두 사용되었으므로 뜨거운 여름날 나무들은 더 심한 갈증에 시달릴 수밖에 없다. 게다가 온실 효과는 상황을 더 심각하게 만들고 있다.

현대의 기후변화가 대기의 온도만 상승시키는 것이 아니라 기후변화에 대한 논쟁도 가열시키고 있다. 이 추세로 가다가는 인류에게 종말의 날이 올 것이라는 사람들이 있는가 하면, 이러한 기후변화는 자연 현상일 뿐이라고 여기는 사람들도 있다. 후자는 누구나 아는 사실이다. 지구에는 엄청난 시간 간격으로 빙하기와 간빙기가 찾아온다는 말을 한 번쯤 들어봤을 것이다. 나는 근래에 일어나고 있는 기후변화는 인간이 초래한 현상이라고 생각한다. 하지만 단순한 자연 현상이라는 의견을 먼저 다뤄 보고 싶다. 일단 자연 상태에서의 이산화탄소 순환에 대해 살펴보도록 하자.

지금으로부터 약 5억 년 전인 캄브리아기에 이미 인류의 아주 먼 친척뻘인 척추동물이 살고 있었다. 당시 지구의 이산화탄소 농도는 매우 높아서 상상의 세계에서나 가능할 정도의 수치였다. 원래 대기 중 이산화탄소 농도는 정상 수치가 280ppm인데 인간이 자연에 손을 대면서 440ppm으로 올려놓았다. 그런데 캄브리아기에 이산화탄소 농도는 4,000ppm이 넘었다. 이후 이산화탄소 농도는 내려갔다가 2억 5,000만 년 전 무렵 급상승하여 2,000ppm이 되었다. 이 정도였다면 지구는 극심한 폭염에 시달리지 않았을까?

학자들이 예상하는 미래의 이산화탄소 농도와 현재의 이산화탄소 농도가 산업혁명 전 수치에서 불과 몇 백 ppm 정도 상승했다는 점을 본다면, 지구상에서 생물은 존재할 수 없을지 모른다. 물론 그랬었다. 캄브리아기 이후 급격한 변화를 겪지 않았더라면 인류는 지금까지 오지 못했을 것이다! 그런데 여기서 중요한 것은 이러한 변화가 진행되는 속도와 종의 적응 가능성이다. 이것이 기후변화가 인류에게 재앙이 될 것인지 축복이 될 것인지를 결정한다.

이러한 변화의 속도는 사실 매우 느리다. 실제로 이 문제는 대륙이 이동한다는 판구조론과 밀접한 관련이 있다. 지구를 구성하는 판들이 빨리 이동하고, 아프리카 대륙판이 유라시아 대륙판을 밀어낼 때 두 대륙이 서로 충돌하면서 산맥이 형성된다. 산맥이 높을수록 암석의 풍화 속도가 빠르다. 이것은 알프스 지역의 산기슭과 산허리 주변을 둘러싸고 있는 거대한 암설 사면*을 보면 쉽게 확인할 수 있다. 암설 사면을 이루고 있는 물질은 모래와 먼지의 형태로 물에 의해 전달되고 나중에는 이산화탄소와 함께 다시 퇴적된다. 이 물질이 이동된 물질과 다시 결합하기 때문이다.

지질 활동이 드문 시기에는 부서진 암석의 양이 적기 때문에 새로 형성되는 암설 사면도 많지 않다. 그러다가 화산이 폭발한다. 화산은 녹아 있는 암석과 열기를 토해내고 이 뜨거운 열기에서 이산화탄소가 방출된다. 지질학적으로 조용한 시기에는 풍화된 물질과 결합하는 이산화탄소보다 밖으로 방출되는 이산화탄소의 양이 더 많다. 지구가 대륙을 활발하게 밀어내면서 서로 뭉칠 때는 정반대의 현상이 일어난다.

너무 복잡한가? 솔직히 나도 그렇게 생각한다. 하지만 이 거대한 사이클이 전체 내용을 이해하는 데 중요하기 때문에 설명할 수밖에 없다. 화산이 암석을 재생성하는 과정이 없으면 전

---

* 바위가 풍화작용으로 부서져 쌓인 산비탈

혀 다른 문제가 생긴다. 대기 중 이산화탄소는 언젠가는 사라진다. 이것은 우리에게는 아주 치명적인 상황이다. 그래서 산소가 인간에게 중요한 것이다. 우리는 산소의 도움으로 체내 세포의 탄소 화합물을 연소시킬 수 있다. 이 탄소가 없으면 인간의 호흡은 전혀 쓸모가 없다. 한편 식물은 주변 공기에서 탄소를 끌어모아 이 탄소를 당과 에너지의 형태로 저장한다. 따라서 우리는 이산화탄소가 사라지지 않도록 많은 관심을 가져야 한다.

이보다 더 긴 시간적 관점에서 보았을 때도 마찬가지다. 수억 년 동안 이산화탄소 농도는 계속 감소해왔다. 이 과정은 지구가 더워질수록 더 빨리 진행된다. 더위가 침식 작용과 미세 입자와 기체의 결합을 촉진시키기 때문이다.

여기에서 핵심은 수억 년이다. 장기적으로 볼 때 이산화탄소 농도는 계속 감소할 것이다. 물론 이산화탄소가 완전히 사라지지는 않을 것이다. 그동안에 화산도 활발하게 활동하고 있기 때문이다. 그렇다면 지금까지 그래왔듯이 생물은 변화한 환경에 적응해야 한다. 그런데 단기적인 변화가 환경에는 더 심각한 영향을 끼친다. 미세하게 조절되어 있는 균형을 깨뜨리기 때문이다. 지질 시대를 관찰하면 일부 종이 돌연 멸종하는 일이 반복적으로 나타난다. 우리는 토끼가 뱀을 쳐다보듯 겁에 질린 채 이산화탄소 농도 변화를 지켜보고만 있다. 지금 우리가 가장 먼저 관심을 가져야 할 부분은 변화의 속도다. 지구의 기온이 높아져도 자연이 이 변화에 적응만 한다면 문제될 것이 없다.

이 문제는 특히 나무에서 뚜렷이 나타나고 있다. 나무는 매우 느린 속도로 이동한다. 나무는 불과 몇 년 사이에 수백 킬로미터 북쪽으로 이동할 수는 없다. 대개 나무는 바람이나 새들이 씨앗을 옮겨줌으로써 이동한다. 어치 *Garrulus glandarius*가 너도밤나무 씨앗을 실어나른 다음에는 이 씨앗이 싹을 틔우고 자라 언젠가는 성목成木이 되어 자손을 또 퍼뜨린다. 너도밤나무 씨앗은 수백 년 동안 북쪽 지역으로 이동을 반복해왔으나 중간에 휴지기도 있었다. 그래서 평균 이동속도가 1년에 겨우 400m밖에 되지 않는다. 그러다 보니 북방으로의 회피 행동은 수천 년이 걸렸다. 그럼에도 이 지역에서 너도밤나무나 참나무 등은 보이지 않는다. 이제부터 현재 북부 지방에 살고 있는 종들이 환경에 어떻게 적응하고 있는지 살펴보도록 하자.

위도가 북쪽인 지역의 거대한 침엽수림은 테르펜 성분을 내뿜으며 직접 구름을 만든다. 그러나 기후변화가 심해질수록 침엽수림들의 삶은 더 힘들어질 것이다. 현재 북부 지역은 기후변화가 급속도로 진행되고 있다. 햇빛이 강렬할수록 가문비나무와 소나무는 시원한 구름을 만들어낼 수 있는 물질을 더 많이 내보낸다. 침엽수림은 지금까지 숲에 이렇게 많은 도움을 주었다. 물론 나무는 인간이 초래한 변화에 단기적으로 반응을 보일 수 없다. 나무의 시간 개념은 우리와는 다르기 때문이다. 새로 태어나는 세대에는 유전적 변화가 나타날 수 있다. 그러나 이러한 변화도 모수가 죽고 후손들이 성장할 공간이 마련된 수백 년 혹은 수천 년이 지나야 가능한 일이다. 나무의 일생에서 변화는 예외라기보다는 규칙에 가깝다. 여기에 맞춰 나무는 균형 전략을 개발해야 한다.

이렇게 되려면 나무는 그 자리에서 이동할 수 있어야 한다. 그런데 나무는 이동할 수가 없다. 종마다 특정한 환경에 적응하고 번성할 수 있어야 하는 자연의 세계에서, 이것은 가장 큰 딜레마다. 코코넛나무는 열대 기후에서는 번성하지만 추운 겨울에는 고통스럽게 시들어간다. 유럽의 토종 활엽수도 겨울 휴식기가 없으면 영양 생장기를 견디지 못한다. 모든 종마다 각각에 알맞은 기후 환경이 있다. 지구에 이처럼 다양한 기후가 존재하기 때문에 수천만 종의 활엽수와 침엽수가 성장할 수 있었던 것이다.

기후 조건은 끊임없이 변하고 이러한 변화는 나무에 비해 상대적으로 빠른 속도로 이뤄진다. 지난 수백 년 동안, 특히 '소빙기'라 불리는 시기에 유럽의 기후에는 상당히 많은 변화가 있었다. 미국 콜로라도대학교 볼더 캠퍼스 연구팀은 소빙기가 온 이유가 여러 차례의 화산 폭발과 관련이 있다는 연구결과를 발표했다.

1250년 이후 적도 근방에서 네 차례의 화산 폭발이 있었는데, 화산 폭발로 인해 공기 중을 떠돌아다니고 있던 재가 지구 전역으로 급속히 퍼지면서 태양광선이 유입되는 것을 차단했다는 것이다. 그 결과 지구의 기온이 내려가면서 빙하가 형성되기 시작했다. 얼음의 반사가 기온 하락 효과를 높이면서 기온은 점점 더 내려갔다. 당시 기온은 평균 2.5℃ 하락했는데 이것은 상당히 우려할 만한 수준이다. 현재 추세가 계속되어 지구 기온이 2℃ 상승한다면 무슨 일이 벌어질까? 1800년 이후 지구는 서서히 따뜻해졌다. 이 시기에 나무는 상당히 스트레스를 많이 받았다. 나무들은 이곳저곳에서 일어나는 변덕스런 변화를 꿋꿋이 이겨내야 했기 때문이다. 물론 날씨는 춥지 않았다. 이 시기에 여름 기온은 상당히 올라간 상태였다.[60]

나무는 이런 변덕스런 날씨를 두 가지 전략으로 견딜 수 있다. 하나는, 대부분의 나무는 기후변화의 변동 폭이 커도 잘 적응한다는 점이다. 그래서 시베리아에서 스웨덴 남부까지 펼쳐진 너도밤나무와 스칸디나비아 북부의 라플란드에서 에스파냐까지 분포된 자작나무를 볼 수 있는 것이다. 다른 하나는, 나무종 내의 유전적 변동 폭이 상당히 큰 것이다. 한 숲에서 변형된 종의 나무들이 발견되는 것도 이 때문이다. 다수를 차지하는 기존 종보다 변형된 종이 새로운 환경에 잘 적응한다. 불안한 상황에서는 계속 번식하여 환경에 적응할 수 있는 새로운 개체를 만들어낸다.

현재의 변화 수준에서는 너도밤나무의 이러한 전략도 침엽수림의 구름 생성 기능만으로 충분하지 않다. 날이 너무 더우면 나무는 병들고 나무좀의 습격으로 빨리 죽는다. 나무좀은 특히 시들시들한 가문비나무와 소나무를 좋아한다.

지구온난화를 피하려면 이동속도가 빨라야 한다. 그렇다면 바람에 의해 이동하는 씨앗을 가진 종이 더 유리할까? 반드시 그렇지는 않다. 나무가 번식을 할 때도 큰 문제가 있다. 일단 배胚가 형성되려면 씨앗, 에너지나 오일 형태의 저장 물질, 지방이 있어야 한다. 처음 배에서 싹이 트고 며칠 동안은 모수 아래에서 성장해야 한다. 광합성을 하지 않고도 에너지를 마련해야 하기 때문이다. 뿌리가 토양을 파고들어서 물과 미네랄을 얻어 온다. 그리고 배에서 싹튼 잎이 자란다. 종에 따라 필요한 햇빛의 양이 다르다. 햇빛의 도움을 받아 물과 이산화탄소가 당으로 전환된다. 마침내 이 작은 생명체는 모수에서 영양분을 공급받지 않고 독립적으로 자랄 수 있게 된 것이다. 저장 물질은 나무의 종에 따라 다르다.

먼저 씨앗이 가장 작은 버드나무와 포플러나무부터 시작해 보자. 두 나무의 씨앗은 아주 작다. 씨앗에는 폭신한 솜털이 붙어 있지만 너무 작아서 검은 점처럼 보인다. 개중에는 크기가 0.0001g밖에 안 되는 것도 있다. 크기가 작다 보니 저장된 열량도 조금밖에 없다. 그래서 막 싹을 틔운 묘목이 홀로 호흡하고 나뭇잎을 통해 영양분을 제공받을 수 있는 능력이 되기 전까지의 크기는 2mm도 채 안 된다. 그나마도 작은 씨앗들끼리 경쟁을 하지 않을 때만 자란다. 이 씨앗들은 그림자가 드리워지는 즉시 죽는다. 이렇게 작고 솜털이 보송보송한 씨앗은 가문비나무나 소나무에 떨어지면 세상 구경을 제대로 해보기도 전에 죽는다. 선구식물인 버드나무와 포플러나무는 사람이 살지 않거나 경작한 적이 없는 땅에는 잘 정착할 수 있다.

화산 폭발, 산사태, 산불 등으로 식물의 서식 환경이 완전히 파괴된 후에는 이와 같은 조건이 생성된다. 이제 막 싹을 틔운 씨앗은 아직 경작한 적이 없는 땅의 장점을 마음껏 누릴 수 있다. 경쟁자가 없기 때문에 첫 해에 1m까지 자란다. 무성하게 뒤덮인 약초와 풀도 이들의 성장을 막을 수 없다. 하지만 사람이 먼저 이런 장소를 물색해줘야 한다. 솜털이 달려 있고 날아다니는 씨앗에는 주행과 관련된 다양한 정보를 알려주는 트립 컴퓨터 시스템이 없기 때문이다.

이 씨앗들은 운전 능력을 갖고 있지만 씨앗의 수가 많을 때만 도움이 된다. 이렇게 떼로 몰려다니다가 그중 하나가 괜찮은 장소에 착륙하게 된다. 이러한 선구식물의 모수는 매년 2,600만 개의 씨앗을 흩뿌린다! 20~50년마다 이 작은 씨앗 중 하나가 자라서 번식이 가능한 나이가 되는데 이것은 종을 보존하기에는 충분한 양이다. 나무 한 그루를 탄생시키기 위해 너무 낭비를 하는 것 같은가? 이렇게 물량 공세를 퍼부어대지 않으면

씨앗은 자신이 원하는 이상적인 장소에 도달할 수 없다. 게다가
나무는 이 장소가 어디인지조차 모른다.

너도밤나무와 어치는 다른 방식으로 씨앗을 이동시킨다.
다른 숲으로 이동하고 싶을 때 항공편처럼 편리한 운송수단은
없다. 그러나 어치가 너도밤나무의 씨앗을 실어나르는 거리는
1km도 채 안 된다. 신기하게도 어치가 씨앗을 물어다 저장해놓
는 곳은 너도밤나무 숲 근처다. 어치의 비행 목표는 자연 상태
에서는 아주 드문 숲이 없는 공간 중 하나가 아니라, 비행하는
것 그 자체다. 나무가 인간의 손길이 닿지 않아도 계속 따뜻하
거나 추워지는 기후를 쫓아가려면 친구들과 함께 끊임없이 북
쪽이나 남쪽으로 이동해야 한다.

이러한 변화는 대부분 아주 느리게 진행되기 때문에 새의
아주 작은 몸짓만으로도 충분하다. 너도밤나무의 씨앗 중 극히
일부만 새가 실어나른다. 대부분의 씨앗은 모수의 발밑에서 싹
을 틔우고 성장한다. 너도밤나무 외에도 더글러스 소나무 등 군
집하여 서식하는 종들은 가족에 대한 마음이 애틋하다. 과장된
표현이라 여길지 모르지만, 캐나다 출신 숲 생태학자 수전 시마
드Suzanne Simard의 연구결과를 보면 충분히 타당성이 있다. 시마드
는 모수가 발아래에 있는 씨앗이 자신의 씨앗인지 다른 나무의
씨앗인지 뿌리를 통해 느낄 수 있다는 사실을 확인했다. 그래서
모수는 자신이 만든 씨앗만 살아갈 수 있도록 도와주고 당을 공

급한다고 한다. 즉 먹여 기르는 것이다. 이뿐만이 아니다. 부모 나무들은 땅 밑으로 점점 내려가면서 자식에게 더 많은 공간, 물, 영양분을 전달해준다고 한다.

이처럼 너도밤나무들 사이에는 끈끈한 유대관계, 가족끼리 똘똘 뭉치고자 하는 강렬한 욕구가 있다. 그렇다면 굳이 바람과 새를 통해 씨앗을 이동시키며 자손을 퍼뜨려야 할 이유가 있을까? 그럴 이유가 별로 없다. 그래서 너도밤나무 열매는 바람에 날려 다니지 않는다. 열매의 대부분은 나무에서 쿵 떨어져 모수의 폭신한 나뭇잎에 누워 있다. 이들은 빨리 이동하는 것에는 별로 관심이 없다.

너도밤나무 열매가 가문비나무 숲에 떨어진 적이 있다. 마침 어치가 겨울 식량을 모으고 있던 터라 이제 막 싹을 틔운 씨앗은 무사히 살아남을 수 있었다. 너도밤나무의 씨앗은 햇빛을 많이 받지 않아도 살아남고 참을성도 많다. 새싹은 밀리미터 단위로 아주 천천히 자라다가 수관 꼭대기에 이르면 햇볕을 실컷 쬘 수 있다. 이때부터 나무는 스스로 씨앗을 만든다. 철저히 혼자서 부모와 수백 미터 떨어진 거리에서 말이다. 물론 이 정도 거리는 멀리 떨어져 있다고 볼 수도 없다. 드디어 너도밤나무가 중요한 임무를 수행할 때가 왔다. 온도가 살짝 올라가면 숲에 싹이 나기 시작한다. 이렇게 숲은 점점 북쪽 방향으로 확장되어 간다.

이것은 천재적인 전략이다. 물론 큰 열매가 달리는 너도밤나무의 성장속도는 아주 느리다. 이 나무들이 성장할 수 있도록 도움을 줘야 할까? 너도밤나무 열매를 노르웨이나 스웨덴으로 보내어 그곳에서 너도밤나무 숲이 새롭게 형성되게 하고, 같은 문제를 안고 있는 지중해가 원산지인 나무를 들여와서 심고 이런 나무들이 정착할 공간을 마련할 방안은 없을까?

스웨덴 남부와 노르웨이 남부 지역에는 이미 너도밤나무가 자라고 있다. 일단 이 문제는 제쳐둔다고 하더라도 나는 이 지역에 외래 품종을 도입하는 것은 좋은 아이디어가 아니라고 생각한다. 우리는 기후변화에 대해 아는 것이 별로 없을뿐더러 지역마다 어떤 추이로 발전하는지도 잘 모른다.

지구온난화란, 추운 겨울이 두 번 다시 돌아오지 않는다는 의미가 아니라 추운 겨울이 점점 희귀해진다는 뜻이다. 따뜻한 기후를 좋아하는 나무를 독일에 들여와 심는다면 겨울의 혹한기에 이 나무들이 얼어버릴 수 있다. 너도밤나무 종과 마찬가지로 하나의 생태계에는 수천 종의 동식물이 복합적으로 얽혀 살아가고 있다. 따라서 우리는 온도가 지나치게 상승하지 않도록 모든 관심을 기울여야 한다. 그래야 나무가 느린 이동속도를 유지하며 정상적인 삶으로 돌아올 것이다.

그런데 나무에게 온도 상승보다 더 위협적인 열이 있다. 통에 가득 담긴 휘발유처럼 당장이라도 불이 붙어 화재를 일으킬 수 있는 나무들을 만나러 가보자.

산불이 지나가고
숲에서
벌어지는 일

너도밤나무, 참나무, 가문비나무, 소나무는
끊임없이 새로운 물질을 생산하고 오래된 물질을 버린다.
그리고 바람이 불면 못쓰게 된 나뭇잎들이 바닥으로 우수수 떨어진다.
바스락거리는 나뭇잎들이 토양을 뒤덮고
우리가 산책을 할 때마다 운치 있는 발자국 소리가 난다.
낙엽은 나무가 볼일을 보고 버린 휴지 조각인 셈이다.

숲은 거대한 에너지 창고다. 살아 있는 바이오매스뿐만 아니라 죽은 바이오매스에도 다량의 탄소가 들어 있다. 숲의 유형에 따라 차이는 있지만 1km²당 10만t 이상의 탄소가 들어 있다. 이것은 이산화탄소 36만 7,000t에 해당하는 양이다.

침엽수림에는 위험한 가연성 물질이 있다. 바로 송진과 쉽게 불이 붙는 탄화수소다. 산에서 쉽게 불이 나고 대형 산불로 번져 심지어 한 달 이상 활활 타오르는 경우를 본다. 사실 이는 놀랄 일이 아니다. 자연이 실수를 한 걸까? 자연은 왜 뚜껑을 열어놓은 휘발유처럼 쉽게 불이 붙는 나무를 만들어놓았을까?

이와는 정반대인 활엽수를 보면 생각이 달라질 것이다. 활엽수에는 쉽게 불이 붙지 않는다. 못 믿겠다면 한번 실험해봐도 좋다. 나무 한 그루를 태울 생각은 하지 말고 나뭇가지에 불을 붙이길 바란다. 라이터를 아무리 오래 켜고 있어도 나뭇가지는 잘 타지 않는다. 반면 가문비나무나 소나무 같은 침엽수들은 신선한 공기 속에서도 쉽게 불이 붙는다. 왜 그럴까?

숲 생태학자들은 침엽수림의 고향인 북위 지역에서 일어나는 산불은 자연의 재생 프로세스이며 이것이 종의 다양성에 기여한다고 주장한다. 독일 국립 산림경영 및 산림경영학과에서 공동으로 운영하는 포털 발트비센 네트 waldwissen.net에 '산불이 종의 다양성을 창조한다'라는 제목의 기사가 게재된 적이 있다. 마치 산불을 찬양하는 듯한 어조였다.[61]

나는 여러 가지 이유로 이 주장이 생소하게 느껴진다. 일단 '종의 다양성'이라는 개념을 연관시켰다는 것부터가 그렇다. 종의 다양성이라는 양적 개념을 다루려면 우리 숲에 몇 가지 종류의 생물들이 살고 있는지 알아야 한다. 우리는 숲에 대해 많은 것을 알고 있다고 생각하지만 사실 아직까지 발견되지 않은 생물들이 매우 많다. 숲에 대한 연구가 비교적 잘되어 있다는 중부 유럽 지역도 마찬가지다. 이미 발견된 종들도 서식 환경에 대해서 충분히 연구되지 않은 경우가 태반이다. 우리는 언제 어떤 생물이 나타날지 잘 모른다. 위 연구팀이 발견한 사실은 일반화된 사실이 아니라 누군가 언젠가 한 번쯤 들어본 것을 설명한 것일 뿐이다.

어느 학자가 산림관 관사 뒤에 있는 숲에서 원시림 서식종인 작은 딱정벌레를 발견했다. 이 벌레는 이보다 훨씬 전인 1950년대 라인란트팔츠주의 다른 지역에서 두 차례 발견된 적이 있었다. 그런데 이 벌레가 정말 희귀종일까? 사실 학자들도 잘 모른다. 다른 학문 분야처럼 후속 연구에 투자할 수 있는 재정 지원이 턱없이 부족한 탓이다. 우리는 우리집 뒤편 숲의 이 바구밋과*Curculionidae* 딱정벌레가 오랫동안 같은 서식 환경에서 살고 있었다는 사실만 알고 있을 뿐이다. 원시림 환경은 수백 년, 아니 수천 년 동안 큰 변화가 없기 때문에 이 작은 벌레는 날아다니는 법을 잊어버렸다. 살기 좋은 환경을 두고 굳이 멀리 날아갈 필요가 있었겠는가?

그래서 바구밋과 곤충들의 무리는 한 장소에 아주 오래 머무른다. 그렇기 때문에 바구밋과 곤충이 발견되었다는 것은 숲이 상대적으로 오랫동안 훼손되지 않은 상태로 있었다는 의미로 해석할 수 있다. 거대한 면적의 숲에 산불이 나면 생태계의 균형이 완전히 깨진다. 이때 곤충들은 어디로 도망을 가겠는가? 빨라 봤자 얼마나 빠르겠는가? 우리는 상상조차 할 수 없는 일이지만 놀랍게도 바구밋과 곤충들은 이 뜨거운 불길 위를 걸어서 도망친다. 이들은 날아다니는 법을 이미 오래전에 잊어버렸기 때문이다. 하지만 나는 다른 이유가 있다고 생각한다. 대부분의 숲은 원래 불이라는 존재를 인식하지 못한다.

다른 이유도 여러 가지가 있다. 나는 여전히 산불을 자연현상이라 표현하는 것이 생소하다. 학자들의 정의에 따라 다소 차이가 있기는 하지만 사람들은 수십만 년 전에 이미 불을 사용하고 있었다. 호모 에렉투스와 같은 인류의 조상만 보아도 불은 수백만 년 전부터 인류의 동반자였음을 알 수 있다.

학자들은 남아프리카공화국의 원더워크 동굴*wonderwork cave*에서 나뭇가지와 풀을 이용하여 불을 피우고 이 시대에 이미 불을 이용하여 요리를 했다는 사실을 확인했다.[62] 연구팀은 치아 구조 분석을 통해 고인류가 따뜻한 음식을 즐겼기 때문에 날 음식을 먹을 때보다 시간이 두 배 이상 걸렸고 치아를 많이 사용하면서 대뇌의 크기가 커진 것이라는 추측을 내놓았다.[63] 불에 요리한 음식은 열량도 더 높고 오래 씹어야 하기 때문에 소화도 잘 된다. 당연히 인류는 불을 손에서 놓을 수 없지 않았겠는가?

그러니까 불은 더 이상 자연 현상이 아니다. 우리 조상들의 모든 생활공간에는 불로 인해 시작된 문명화와 그 영향이 반영되어 있다. 자연적으로 발생한 불과 문명으로 인해 발생한 불을 어떻게 구별할까? 이 시기 이후부터 사람은 나무와 공존하는 존재로 표현되지 않았다. 불에 그을린 층을 보고 이것이 번개로 인한 불인지 동굴에 거주하던 인류가 불을 사용한 흔적인지 어떻게 확인할까? 물론 산불은 정기적으로 일어나는 현상이었다. 산불이 나고 난 다음에는 숲이 재생되었다. 경우에 따라 산불을 인간이 거주하는 공간에서 동반되는 현상으로 해석하기도 하지만 이것으로 자연의 리듬을 해석할 수는 없다.

불이 숲에서 자연적으로 일어나는 현상이라는 주장의 근거로 제시되는 것은 고목이다. 스웨덴 달라르나 지역에는 올드 티코Old Tjikko라는 세계에서 가장 오래된 가문비나무가 있다. 학자들의 연구결과 이 조그맣고 연약한 나무의 나이는 적어도 9,550살이 넘었을 것으로 추정한다. 이 기간에 산불이 이 지역을 휩쓸고 지나갔다면 올드 티코는 그 역사를 전부 기억하고 있을 것이다.

매년 유럽에서만, 특히 남부 유럽 지역에서 수천만 제곱킬로미터 면적이 산불의 피해를 입는다. 산불의 발생 원인은 다양하다. 과거에 남부 유럽에서 로마인들은 함대를 건조하기 위해 숲의 나무를 대량으로 벌목했다. 이후 남부 유럽의 숲에는 덤불만 남았고 그마저도 소, 양, 염소가 초원의 풀을 뜯어 먹는 바람에 허허벌판이 되고 말았다. 작은 나무 한 그루도 자랄 기회가 없었다. 지금까지 남부 유럽은 덤불만 가득하고 작열하는 태양에 무방비 상태로 노출되어 있다. 바로 이 바싹 마른 덤불과 풀은 산불이 발생하기 딱 좋은 조건이다. 그나마 나무가 남아 있는 곳은 참나무 종이 주를 이루고 있는데 최근에는 소나무와 유칼립투스나무로 대체되고 있다. 참나무와 달리 소나무와 유칼립투스나무는 부싯깃처럼 불이 잘 붙는다. 이는 최근 산불 통계를 보면 쉽게 확인할 수 있는 사실이다.

산불의 발생원인 중 가장 드문 것이 번개다. 과거에 사람들은 이런저런 동기로 산에 불을 내고 싶어 했다. 화전 농업이 그 대표적인 예다. 나는 아직도 이런 야만적인 농경 방식이 숲에서 추방되지 않아 유감이라고 생각한다. 숲이 사라진 자리에는 새 호텔과 주거 시설이 생긴다.

2007년 그리스에 대형 산불이 발생하여 1,500km² 면적의 숲이 잿더미로 변했다. 자연보호구역인 카이아파 해안^{Kaiafas} 지대가 그중 7.5km²를 차지하고 있다. 그러자 그리스 정부는 이 지역의 개발제한 금지조치를 풀고 관광시설 설립은 물론이고 기존에 있던 대략 800여 곳의 불법 건축물에 대해 추가로 건축 허가를 내주기로 결정했다.[64] 그런데 이보다 더 심각한 것은 일부 소방관들의 행태다. 이들은 불황 때문에 일자리를 잃을까 두려워 일부러 산불을 낸다고 한다.

산불이 발생하는 원인들을 살펴보면 공통점이 있다. 직접적으로든 간접적으로든 그 원인이 인간의 행위와 관련이 있다는 사실이다. 자연 현상의 일부로 발생하는 산불은 지옥불처럼 활활 타오르지 않는다. 한편 산림경영 차원에서 벌목이 반드시 필요하다고 주장하는 사람들이 있다. 그들의 주장은 산불이 자연적으로 일어나는 현상이라면, 목재를 얻기 위한 목적으로 한 구역의 나무를 한 번에 벌목해도 자연에 해가 될 것이 없지 않겠냐는 것이다. 이들은 결국 자연은 노지 환경에 적응하기 마련이라고 주장한다.

사실은 정반대다. 유럽의 활엽수림은 오랫동안 변화를 겪지 않았다. 그래서 이들은 산불이 발생하면 스스로 어떻게 보호해야 할지 모른다. 활엽수는 살아 있는 상태에서는 불이 잘 붙지 않지만, 한 번 불이 붙으면 나무의 피부라고 할 수 있는 수피는 열을 견디지 못한다. 너도밤나무와 유사한 종의 나무들은 매

우 예민하여 간벌 지역에서 햇빛에 많이 노출되면 화상을 입기
도 한다.

전 세계 대부분의 숲에서 산불이 발생하고 원인도 각양각
색이다. 그럼에도 생태계는 다양한 상황에 적응해나간다. 산불
로 인해 숲의 모든 나무들이 홀랑 타버리기도 한다. 이것은 예
상치 못했던 재난이라 여기는 편이 맞을 것이다. 생태계가 적응
을 하는 경우는 지표화地表火*다. 재난과 지표화는 전혀 다른 상
황이다. 지표화가 발생하면 풀이나 약초처럼 키가 작은 식생만
피해를 입는다. 나무들, 특히 나이가 많은 나무들에는 전혀 피
해가 없다. 나무들은 일시적으로 고온을 견딜 수 있기 때문이
다. 이것은 수피를 관찰하면 확인할 수 있다.

세쿼이아는 가장 튼튼한 나무로 알려져 있다. 세쿼이아는
키가 무려 100m 이상으로 자라며 나이가 수천 년이 넘은 것들
도 있다. 세쿼이아의 수피는 부드럽고 두꺼우며 불에 잘 타지
않는다. 궁금하다면 시립 공원에 가보길 바란다. 전 세계의 많은 시립 공
원에 세쿼이아가 있다. 세쿼이아 가까이 가서 손가락으로 나무껍질을
직접 만져보면 그 감촉이 너무 부드러워 깜짝 놀랄 것이다. 수
피의 대부분이 외부 공기로부터 철저히 차단되기 때문이다. 그
래서 여름에 풀이나 덤불에 불이 붙어서 불길이 빠른 속도로 활

---

*   지표에 있는 잡초, 관목, 낙엽 등을 태우는 산불.

활 타올라도 나무줄기는 상처를 입지 않는다.

문제는 나이가 많은 나무들만 불에 대한 저항력이 있다는 것이다. 어린 나무는 수피가 얇아서 불이 나면 심한 상처를 입고 타버리기 십상이다. 오랜 세월을 살아온 거목들은 산불이 나면 어떤 일이 일어날지 알고 있기 때문에 굳이 살아남기 위해 대비하지 않는다. 세쿼이아 중 산불이 났을 때 어떻게 해야 할지 미리 대책을 마련해놓는 종들도 있다. 이 종에 속하는 나무들은 불에 타고 싶지 않다고 표현을 한다. 생태계에서 자연적인 현상의 하나로 발생하는 산불이라면 이 나무들은 불에 잘 타지 않고 숲 전체가 연기와 잿더미가 되지 않도록 대비하고 있을 것이다.

세쿼이아처럼 북아메리카 서부 지역이 원산지인 폰데로사 소나무도 두꺼운 수피로 덮여 있다. 수피와 나무 사이에 있는 성장층인 예민한 형성층은 고열에도 손상을 입지 않는다. 역시 세쿼이아처럼 나이가 많은 나무줄기와 수관에 불길이 닿지 않았을 때만 가능한 일이다. 소나무의 뾰족한 잎에는 쉽게 타는 물질이 많이 달라붙어 있다. 이 때문에 수관에 불이 붙으면 순식간에 다른 나무로 불이 번져 숲 전체가 타버리기도 한다. 자연적으로 발생하는 산불인 경우, 나무들이 이 불에 잘 타는 물질을 싫어하기 때문에, 또 흔치 않은 천둥 번개를 맞고도 오랜 세월을 죽지 않고 살아왔기 때문에, 그리고 이 불이 천둥 번개로 발생한 지표화이기 때문에 나무들은 더 오래 산다.

산불은 몇 배나 더 많은 영양물질을 방출하는 효과가 있으며 산불로 인해 죽은 바이오매스를 재활용하자는 이들도 있다. 이러한 의견은 원시시대부터 불을 사용하며 섬세한 생태계를 교란시켜온 인간의 행위를 정당화시키는 것이다. 숲속에 저장된 영양물질을 분해하고 새로운 식물이 성장할 수 있도록 하는 것은 산불의 잔여물인 재가 아니다. 산불 후 발생하는 수십억 마리의 동물 쓰레기다. 대형 산불이 나면 작은 동물들까지 타버린다. 안타깝지만 이 녀석들의 피부는 불에 타지 않을 정도로 두껍지 않다.

여러분에게 이 쓰레기를 처리하라고 하면 아마 기겁을 할 것이다. 그런데 이 더러운 일을 도맡아하는 녀석들이 있다. 아주 작고 볼품없는 이 동물들은 수천 종에 달하며 관심을 갖는 사람도 거의 없을 것이다. 집먼지진드기만 생각해도 징그러워서 소름이 돋는다. 등각류*는 또 어떤가? 우리는 현관의 깔개 밑에서 이 녀석을 발견했을 때 별로 불쌍하다고 생각하지 않는다. 다른 종들도 마찬가지다. 그런데 이 작은 동물들이 지금 이 순간에도 나뭇잎 밑에서 뛰어다니고 있다. 그러면서 몸집이 큰 포유동물보다 생태계에서 훨씬 중요한 역할을 한다. 이 녀석들

---

* 절지동물 갑각강의 한 목. 갯강구·갯쥐며느리·주걱벌레·바다송충·모래무지벌레 등이 포함된다.

이 없다면 숲은 쓰레기로 질식하고 말 것이다.

너도밤나무, 참나무, 가문비나무, 소나무는 끊임없이 새로운 물질을 생산하고 오래된 물질을 버린다. 가을마다 새로운 물질과 오래된 물질을 교체하는 작업이 이뤄진다. 나뭇잎도 오래되면 못쓰게 되어 너덜너덜해진다. 군데군데 곤충들이 갉아먹은 흔적도 있다. 이 시기가 되면 나무들은 버릴 것들을 끌어모은다. 이것은 나무들에게 일종의 거사다. 거사를 치를 준비가 끝나면 분리층이 형성된다. 그리고 바람이 불면 못쓰게 된 나뭇잎들이 바닥으로 우수수 떨어진다. 바스락거리는 나뭇잎들이 토양을 뒤덮고 우리가 산책을 할 때마다 운치 있는 발자국 소리가 난다. 낙엽은 나무가 볼일을 보고 버린 휴지 조각인 셈이다.

활엽수는 녹색 옷을 벗자마자 나뭇잎이 전부 떨어져 앙상한 가지만 남는다. 반면 침엽수 잎은 여러 해 동안 나뭇가지에 달려 있다가 가장 오래된 나뭇잎부터 떨어진다. 이것은 생활환경과도 관련이 있다. 저 위 북쪽 지방은 영양 생장기가 매우 짧아서 나뭇잎이 새로 나고 떨어지기까지 몇 주밖에 걸리지 않는다. 나무가 녹색이 되기도 전에 가을이 오고 나뭇잎이 모조리 떨어져버린다. 게다가 이 기후에서는 광합성을 할 수 있는 날도 많지 않다. 이런 상황에서 나무가 자라거나 열매가 맺히는 것은 상상조차 할 수 없다.

그래서 나뭇가지에는 가문비나무처럼 뾰족한 잎이 달린다.

그래야 기온이 뚝 떨어져도 나무가 얼지 않는다. 뾰족한 잎은 혹한을 대비하기 위한 수단인 셈이다. 그러다 날이 따뜻해지면 침엽수들은 당을 생산하는 데 온 에너지를 쏟아붓기 때문에 힘들이지 않고 신속하게 새싹을 틔울 수 있다. 반면 겨울에는 바람의 공격을 받는 면적이 넓으면 폭풍과 폭설에 쉽게 무너지기 때문에 수관의 모양이 길쭉하다. 식생 기간이 짧은 탓에 성장속도도 느리다. 수십 년이 지나도 키가 고작 몇 미터밖에 안 자란다. 성장속도가 느린 만큼 폭풍이 몰아닥쳐도 지렛대 효과는 크지 않다. 이것은 사시사철 푸른 잎이 달린 침엽수가 위기에도 평형을 유지하는 방식이다.

사계절이 뚜렷한 지역에서도 나뭇잎은 떨어진다. 열대 지방에 서식하는 나뭇잎들도 나이가 들면 너덜너덜해지고 새 옷으로 갈아입는다. 작열하는 태양 아래 반짝이던 잎들이 언젠가는 땅에 떨어지고 죽음을 맞이한다. 토양이 씻겨 내려가고 나무 꼭대기까지 새 잎으로 가득 채워져 울창한 숲을 이룰 때까지 이 낙엽들은 수 미터 두께의 층을 이룬다. 이렇게 나뭇잎은 생을 마감한다.

이제 박테리아 균류, 톡토기,[*] 진드기, 딱정벌레가 활동을

---

[*] 절지동물로 전 세계에 8,500여 종이 존재한다. 점프할 수 있는 도약기라는 기관이 있으나 날개는 없다. 몸길이는 0.5~3mm로 낙엽이나 썩은 나무 밑, 물 위, 모래 등 전 세계 어느 곳에서나 서식한다.

개시한다. 이 녀석들은 나무가 좋아서 나무한테 들러붙는 것이 아니다. 그저 배가 고플 뿐이다. 종별로 나무에 접근하는 방식이 다르다. 잎맥 사이의 얇은 층을 좋아하는 녀석들도 있고, 잎맥 그 자체를 좋아하는 녀석들도 있다. 어떤 녀석들은 '1차 소비자'가 파먹고 남은 배설물을 도맡아 분해하기도 한다.

중부 유럽 지역에는 이렇게 3년이 지난 후 공동 작품이 탄생한다. 나뭇잎이 여러 차례의 재활용 과정을 거치면 순수한 똥만 남는다. 조금 유식하게 표현하자면 부식토로 변한다. 이 부식토에 나무가 다시 뿌리를 내리고 그 안에 골고루 퍼져 있는 영양분이 나뭇잎, 수피, 목재를 구성하는 데 사용된다.

이번에는 이 녀석들이 잡아먹고 이들의 몸속으로 들어가는 물질에 대해 알아보자. 이제 이 녀석들은 나뭇잎처럼 지낸다. 운이 좋은 녀석들은 편안하게 죽음을 맞이한 후 사체의 성분이 다시 흙으로 배설된다. 반면 운이 안 좋은 녀석들은 누군가에게 잡아먹힐까 조바심치며 죽음을 기다린다.

흩뿌려진 나뭇잎들 사이에서는 매일 드라마 같은 일이 벌어진다. 사바나에서 사자가 영양을 호시탐탐 노리고 있듯이 톡토기는 거미와 딱정벌레의 레이더망에 있다. 숲속의 땅 $1km^2$ 당 그리고 모든 부식토에는 수십만 마리의 작은 생물과 이들의 포식자가 살고 있다. 시력이 좋고 끈기가 있는 사람이라면 땅속 세계에서 벌어지는 일을 관찰해보길 바란다. 종별로 차이가 있지만 톡토기는 대개 몇 밀리미터 정도로 거미와 딱정벌레보다도 몸집이 더 작다.

　이 작은 생물들의 몸속에 축적된 물질은 배설물을 통해 다시 흙으로 돌아오고 모든 식물들에게 영양분으로 제공된다. 이 녀석들이 싫어하는 것이 하나 있는데 바로 추위다. 이들은 날씨가 추우면 활동을 중단한다. 훼손되지 않은 숲인 경우 지표면에서 10~20cm 아래로만 내려가도 춥다. 특히 빗물이 스며든 부식토는 균류나 박테리아는 거의 손을 대지 않는다.

　수천 년의 세월이 지나면 흑갈색의 부식토층은 점점 더 단단해지고 지질 작용을 거쳐 석탄으로 재탄생하기도 한다. 남은 부분은 물에 씻기고 또 씻겨서, 즉 수십 년 동안 서서히 물이 스며들면서 여러 종류의 지층이 형성된다. 이곳에는 정말로 행동이 느린 또 다른 생물들이 살고 있다. 깊은 곳에 사는 생물일수록 시간 감각을 잃고 사는 듯하다. 이 녀석들도 유기물질은 좋아하지만 우리가 산불이 꺼진 후 남은 재를 좋아하지 않는 것과 마찬가지로 재는 좋아하지 않는다. 영양물질의 순환은 이처럼 섬세하고 철저하다. 수천 종의 생물들이 이 영양분을 먹고살다 죽는다.

　이러한 순환은 원래의 방식으로 작동하지 않을 때도 많다. 이는 산불뿐만 아니라 인간이 자연에 함부로 손을 대고 망가뜨린 대가다.

거대 초식동물의
멸종 사건

자연과 문화를 무 자르듯 쉽게 구별해도 되는 걸까?

역사적으로 어떤 시점부터 인간이 자연의 방해꾼이 되었다고

보아야 할까? 인류가 존재한 이후 줄곧 자연을 훼손해왔다고 하자.

그렇다면 누구를 인류의 조상으로 보아야 할까?

우리와 아주 작은 차이밖에 나지 않는다는 호모 에렉투스일까?

이 질문은 꼬리에 꼬리를 물고 이어지므로 명확한 답을 찾기 어렵다.

어려운 말로 에둘러 말할 것 없이 바로 질문을 던져보자. 자연은 대체 무엇일까? 인간의 손길이 닿지 않은 열대우림? 아니면 인간이 한 번도 정복하지 못한 산의 정상인가? 알프스산맥의 꽃이 만개한 고원 목초지와 딸랑딸랑 목줄을 달고 한가로이 돌아다니는 황색 소들인가? 버려진 노천광산에 다시 물이 모여 그곳에서 개구리가 개굴개굴 울기 시작한다면 이곳도 자연이라고 말할 수 있을까? 자연애호주의자들의 의견을 비롯하여 자연에 관한 정의는 정말 많다. 그중 가장 간단하고 보편적인 정의가 있다. 자연에 반대되는 개념은 문화이므로, 인간이 만들거나 변화시키지 않은 것을 자연이라고 보는 견해다. 이 정의는 자연과 문화의 구별도 정확하고 명료하다.

한편 인간과 인간의 활동도 자연의 구성요소 중 하나라고 보는 견해도 있다. 이 정의에서는 자연과 문화를 깔끔하게 구별할 수 없다. 그런데 바로 이것이 현대 자연보호가 안고 있는 문제다. 정말로 보호할 가치가 있는 것은 무엇이고, 위협 혹은 파괴로 간주해야 할 것은 무엇인가? 이 문제에 관해서는 현장에서 일하는 전문가들도 명확한 답을 내놓을 수가 없다.

그런데 우리가 좀 더 멀리 시선을 돌리면 상황은 전혀 달라 보인다. 물론 아마존 열대우림은 인간의 손길이 거의 닿지 않은 상태로 보존되고 있다. 국제법상으로 국가에 속하지 않는 남극도 마찬가지다. 이 정도 상태의 지역은 다른 곳에서도 찾아볼 수 있다. 이를테면 호주의 산호초나 캄차카반도의 원시림도 자연에 가까운 상태다. 그런데 고유한 환경에 대해서는 이 기준이 다소 애매하여 특별한 경우에 문화 경관도 보호받을 가치가 있다. 특히 원래의 성격이 이미 사라졌을 때 그렇다. 나는 이것들을 명료하게 구별하는 것이 옳다고 생각한다. 기준을 애매하게 둔다면 보르네오섬의 기름야자 재배도 언젠가는 자연으로 분류될지 모를 일이다.

그런데 자연과 문화를 무 자르듯 쉽게 구별해도 되는 걸까? 역사적으로 어떤 시점부터 인간이 자연의 방해꾼이 되었다고 보아야 할까? 인류가 존재한 이후 줄곧 자연을 훼손해왔다고 하자. 그렇다면 누구를 인류의 조상으로 보아야 할까? 우리와 아주 작은 차이밖에 나지 않는다는 호모 에렉투스일까? 이 질문은 꼬리에 꼬리를 물고 이어지므로 명확한 답을 찾기 어렵다.

나는 그 시점이 인류가 사냥과 채집 생활에서 농경 생활로 삶의 패턴이 변하기 시작한 순간이라고 생각한다. 이것이 접점이다. 계획적인 사육이 시작되면서 종의 변화가 나타났고, 인간이 특정한 목적을 가지고 자연 경관에 변화를 주면서 생태계도 인간의 욕구에 따라 움직이는 구조로 재편되었다.

특히 인간이 쟁기를 사용하면서 훼손된 자연은 이미 돌이킬 수 없는 상태가 되었다. 쟁기로 흙을 갈아엎으며 깊은 층의 흙까지 이동시켰다. 이렇게 형성된 경반硬盤*은 수천 년 동안 토양 속에 그대로 남아 물이 자연스럽게 흐르지 못했다. 이 불투수층에는 산소도 잘 통과되지 않는다. 그 결과 많은 나무들의 뿌리가 썩었다. 뿌리가 밖으로 나가려고 해도 방수층이 막고 있어서 뿌리는 납작한 접시처럼 눌렸다. 납작하게 뭉쳐진 뿌리 때문에 토양은 꼭 막혀버렸다. 일정한 높이대개 25m부터는 폭풍이 불어닥쳤을 때 지렛대 효과가 커서 나무줄기들이 쓰러졌다.

앞서 살펴본 조류와 곰의 사례처럼 우리 인간은 숲과 나무 종의 구성에 영향을 끼친다. 이는 자연 경관에 손을 대면서 일어난 우연한 변화뿐만이 아니다. 독일의 경우 나무가 있는 공간의 98%를 산업 기준으로 나무를 심고 보호하고 수확한다. 인간은 이미 석기 시대에 쟁기도 톱도 아닌 활과 화살만으로도 자연을 엉망으로 만들어놓았다. 그래서 나는 먼저 수천 년 전의 과거로 돌아가 우리 조상들이 어떠한 방법으로 자연에 손을 대기 시작했는지 살펴보려고 한다.

---

* 토양 내부에서 2차적으로 생성된 경화층. 식물의 뿌리도 자라지 못하고, 물도 침투할 수 없을 만큼 단단하다.

나무는 기후변화에 민감하게 반응한다. 마지막 빙하기를 끝으로 지구상에 심각한 기후변화는 없었다. 마지막으로 남아 있던 몇 킬로미터 두께의 빙하가 녹고 1만 2천 년 전에는 황량한 육지만 남았다. 빙하가 남쪽으로 서서히 이동하면서 이 거대한 얼음 덩어리에 밀려 숲은 사라진 지 오래였다.

유럽의 나무들은 양쪽의 압박을 받았다. 알프스 산맥에서 빙하가 점점 커지면서 거대한 빗장처럼 가로막고 있었기 때문에 나무들은 남쪽으로 점점 밀려났다. 결국 많은 종의 나무들이 멸종했다. 한편 빙하가 없는 지류 계곡에서 그나마 살아남은 나무들은 얼었던 나무들이 잔해물들이 부식하면서 분해되어 죽거나 더 따뜻한 남부 유럽에서만 겨우 생명을 유지했다.

얼음이 녹고 과거의 식생이 하나씩 돌아오기 시작했다. 처음에는 선태류, 지의류, 초본 식물만 보이다가, 키가 작은 덤불관목과 나무가 나타났다. 오늘날 캐나다 북부, 스칸디나비아, 러시아에서 볼 수 있는 툰드라 기후*는 이렇게 발전했다. 이 지역에서는 아직도 후기 빙하기의 흔적이 남아 있다. 한참 후 나무가 다시 자라기 시작하자 가장 먼저 소나무와 같은 침엽수가 나타났다. 침엽수는 자작나무와 더불어 여전히 추운 날씨를 가장 잘 견딜 수 있는 종이었다. 조금 더 세월이 흐르면서 참나무 같은 활엽수가

---

*   북극해 연안의 동토지대로 삼림 한계보다 북쪽의 극지에 해당한다.

나타나고 대부분의 유럽 지역에서 침엽수가 다시 자랐다.

　그중에서 침엽수를 대표하는 종인 유럽 전나무는 조금 게으름을 피웠다. 유럽 전나무는 아주 느린 속도로 모습을 드러냈으며 이제 겨우 독일 중부 지역에 입성했다. 지금도 알프스 산맥에 가면 나무들이 돌아온 순서를 관찰할 수 있다. 산맥의 정상에는 아직 빙하가 남아 있어서 빙하기의 모습 그대로다. 아래로 내려올수록 날씨는 따뜻해지고 식물의 종류와 크기가 다양해진다. 너도밤나무는 지금으로부터 4,000~5,000년 전 남쪽에서 다시 돌아오기 시작했다. 현생인류가 벌목과 새로운 종 재배를 시작하지 않았더라면 너도밤나무가 현재 원시림의 대부분을 차지했을 것이다.

　그런데 정말 당시에 현생인류만 살았을까? 빙하는 좀 더 아래인 남쪽 지방까지 밀고 들어왔다. 그래서 우리 조상들은 식물들과 함께 빙하가 없는 지역에서 다시 나타났다. 돌아온 인원은 숲을 훼손시키기에는 턱없이 적은 수였다. 허허벌판이었던 현재 독일 국경 지방에는 4,000명 이상의 인원이 거주한 적이 없다. 지구가 점점 따뜻해지고 숲이 울창해지면서 인구 밀도도 증가했다. 기원전 4000년경에는 이 지역 인구가 4만 명을 넘어섰다. 즉 100km²당 인구 밀도가 0.01명 미만에서 1명으로 증가했다. 연료 수요가 급증했다고 해도 크게 문제될 것이 없었다. 이 규모의 숲에서는 매년 10만m³ 부피의 목재가 새로 생산되는데, 이것은 1,000명의 1인 가구의 소비를 충당할 수 있는 양이었기 때문이다.

추운 기후에서 살았던 석기 시대* 사람들은 웬만한 추위는 잘 견딜 수 있었기에 연료는 심각한 문제가 아니었다. 하지만 배고픔은 중대한 문제였을 것이다. 석기 시대 사람들은 초식동물을 사냥하여 주린 배를 채웠고 초식동물들은 어린 나무들을 좋아했다. 오로크스, 아메리카 들소, 유럽 들소뿐만 아니라 말과 코뿔소는 이 시대를 대표하는 초식동물이었다.

풀만 뜯어먹고 살던 이 종들이 초원을 완전히 초토화시키는 바람에 숲이 형성될 수 없었다. 이 사실은 앞으로 다룰 논의에서 중요한 의미가 있다. 원래 이러한 동물들이 자신들의 생활 영역을 직접 형성하고 주어진 환경에 적합한 수치만큼만 나타났더라면 북위 지방에는 숲이 형성될 수 있었을 것이다.

원시 환경을 지배하던 생물은 나무가 아니라 몸집이 큰 초식동물이었다. 풀을 뜯어 먹고 사는 오로크스, 아메리카 들소, 유럽 들소, 사슴 무리들이 초원을 활개치고 다니면서 어린 나무들을 전부 먹어치웠다. 이것이 '거대 초식동물 이론'이다. 이런 악조건에도 꿋꿋이 살아남은 나무들이 자라서 큰 숲이 형성된다고 해도 상황은 마찬가지였다. 얼마 지나지 않아 이 초식동물

---

*   구체적으로는 빙하가 후퇴하기 시작한 기원전 1만 년에서 기원전 8000년경에 해당하는 중석기 시대.

들이 풀이란 풀은 다 먹어치워 초토화시켰기 때문이다. 말과 사슴은 참나무와 너도밤나무가 시들어 죽을 때까지 수피를 뜯어 먹었다. 어린 나무들은 굶주린 초식동물 무리들로부터 꽃봉오리와 새싹을 뜯기면서 끊임없이 시달림을 당했다. 사슴을 제외한 모든 거대 초식동물들이 사라질 때까지 이런 상황이 지속됐다.

이들 거대 초식동물들은 인간의 수렵 생활 때문에 멸종한 것일까? 호모 사피엔스의 일종인 이들이 실제로 그렇게 막강한 영향력을 갖고 있었을까? 이 사실을 확인하기 위해 호주 모나시대학교 산데르 판데르카르스Sander van der Kaars 국제 연구팀이 호주의 연안 부근 해수에서 멸종한 동물의 배설물을 채취하여 분석하였다. 연구결과 5만 년 전 오세아니아 대륙에서 정착 생활을 했던 사람들의 수렵으로 인해 거대 초식동물이 멸종된 것으로 확인되었다. 이 시기에 북반구에서 일어났던 것과 같은 급격한 기후변화는 없었다. 오세아니아 대륙에 인간이 나타난 지 수천 년도 안 되어 몸무게가 44kg 이상인 메가파우나Megafauna, 거대 동물의 85%가 사라졌다.

메가파우나가 멸종한 원인은 인간의 과도한 수렵 때문이 아니었다. 연구팀은 몸집이 큰 동물의 개체수는 느리게 증가하기 때문에 과도하지 않은 적정 수준의 수렵도 개체수 감소에 큰 영향을 끼칠 수 있다고 주장한다. 따라서 성년이 된 희귀종 동물 한 마리를 10년마다 한 번씩 총으로 쏘아 죽여도 수백 년 내에 멸종할 수 있다고 한다.

인간이 수렵 생활을 하기 전에 실제로 야생소, 코뿔소, 코끼리, 말의 무리들이 살고 있었다면 끝없이 펼쳐지는 원시림으로 발전할 수 없었을 것이다. 물론 '거대 초식동물 이론' 옹호론자들도 중부 유럽 지역은 숲으로 뒤덮여 있었다고 한다. 이들은 인간에게 모든 책임이 있다고 주장한다. 그들에 따르면 신석기 시대 농부들이 거대 초식동물을 사냥함으로써 개체수가 감소했다. 숲은 원래 자연의 계획에 없던 초식동물의 감소라는 기회를 얻었기 때문에 이 기회를 열심히 활용했던 것이다. 이 시기 이전의 화분花粉 성분을 분석한 결과 그 당시에 초지식물이 있었다는 사실이 입증되었다.

이 결과는 당시에 나무가 존재했다는 화분 분서 결과와 모순처럼 보일 수 있지만 절대 아니다. 사실 거대한 원시림 속에는 항상 나무가 없는 초원 지역이 있다. 늪, 가파른 산허리 혹은 강변 부근 초지처럼 홍수로 인해 장기적으로는 나무가 성장할 수 없는 지역 등이다. 여기서 문제는 이러한 스텝 지대의 규모가 어느 정도였느냐다. 나무가 대부분의 지역을 뒤덮고 있었을까, 아니면 일부 지역에만 있었을까?

어떤 학자들은 나무가 없는 지역에 대해 이렇게 해석하기도 한다. 오로크스, 유럽 들소, 사슴은 무리를 지어 사는 군집 동물이다. 그런데 스텝 지대에서만 이들의 군집 생활이 가능하다.

단체 숲속 여행을 해본 적이 있다면 무슨 말인지 쉽게 이해할 것이다. 울창한 숲을 산책하다 보면 항상 낙오자가 생긴다. 인솔자는 무리에서 낙오되거나 이탈된 사람이 있는지 항상 확인해야 한다. 인솔자의 시야에서 너무 멀어지면 낙오자의 위치 파악이 안 되기 때문에 낙오자를 기다리며 휴식을 취하기도 한다.

이와 같은 상황이 사실 야생소들에게는 훨씬 더 위협적이다. 무리를 지어 다니면 따로 다닐 때보다 포식자인 맹수들의 눈에 더 잘 띄기 때문이다. 물론 이들은 울음소리로 신호를 보내거나, 강한 향기나 눈에 잘 띄는 흔적을 남기거나, 행렬의 속도를 줄이며 낙오자를 항상 기다려준다. 그런데 이것이 늑대나 곰에게는 상다리가 휘도록 차려진 잔칫상이나 다름없다.

반면 노루의 천적인 스라소니는 외로운 삶을 산다. 짝짓기 기간이나 새끼를 낳아 기르는 시기에만 두세 마리가 모여 가족을 이룬다. 이들의 성향은 도피 행동에서 잘 드러난다. 군집 동물은 수 킬로미터가 넘는 거리를 너끈히 도망칠 수 있는 반면, 외톨이 생활을 하는 숲속 동물은 도망칠 수 있는 거리가 100m 미만이다. 이들은 무성한 덤불 속에 몸을 감추고 숨죽인 상태로 추격자가 따라오는지 살핀다.

지금까지 살펴본 내용을 정리해보자. 화분 분석 결과 숲이 없는 초원 지역이 존재했다는 사실이 입증되었다. 여기에는 거대 초식동물이 살았으며 군집 생활 구조가 이를 뒷받침한다. 인간이 수렵 생활을 하면서 거대 초식동물의 개체수가 급감했고 황량하게 버려져 있던 숲에 다시 나무가 자랄 수 있었다. 다른 말로 하면, 폴란드 바이알로비에국립공원에 서식하는 소수의 동물을 제외하고 대부분의 거대 및 초거대 초식동물이 멸종했다는 것이다. 매머드, 털코뿔소, 둥근귀코끼리, 야생말, 오로크스, 유럽 들소는 이제 지구상에 존재하지 않는다. 마지막 빙하기가 끝나고 지구의 기후가 따뜻해졌다는 사실만으로는 멸종 이유가 명쾌하게 설명되지 않는다.

여기까지는 아무 문제가 없지만, 이 이론의 토대는 여전히 불안하다. 초식동물과 나무는 제쳐놓고 다른 측면에서 이 상황을 살펴보도록 하자. 참나무와 너도밤나무 같은 토종 숲은 수 세대 동안 길고 긴 선별 프로세스를 통과하여 원시림을 지배하는 수목의 자리에 올랐다. 이들은 수백만 년 동안 탁월한 실력을 발휘하며 살아남았다.

그런데 참나무와 너도밤나무는 거대 초식동물에 대해 독, 가시, 독침과 같은 방어 메커니즘을 거의 개발하지 않았다. 사슴, 말, 소가 특히 어린 나무를 뜯어먹으려고 달려들면 방어하지 못하고 당하고만 있다. 거대 초식동물 이론이 타당한 이론이라면 독일의 토종 활엽수들은 방어도 하지 못하고 평생 초식동물의 공격 위협에 시달리며 살아야만 한다.

그런데 최근 흥미로운 연구결과가 발표됐다. 이 연구결과에 의하면 많은 활엽수들이 노루의 존재를 인식하고 노루가 자신의 몸을 뜯어먹을 때를 대비하여 방어 물질을 저장하고 있다고 한다. 물론 야생동물 개체수가 너무 많으면 도움이 되지 않는다. 산림 소유자들이 활엽수를 보호하기 위해 노루들이 싫어하는 물질을 발라놓았지만 소용이 없었다. 노루들이 떼로 몰려들어 너도밤나무와 참나무가 자라기도 전에 전부 먹어치워 버렸다. 그래서 너도밤나무와 참나무는 분재처럼 수십 년 동안 자라지 못했다. 심지어 노루들은 식량이 부족한 겨울에 꽃봉오리에 발라놓은 화학물질까지 먹어치웠다. 노루와 사슴 개체수가 일정 수치를 넘으면 활엽수를 더 이상 보호할 수 없는 것으로 보아 활엽수는 정말 맛이 좋은가 보다.

이것은 블랙손이나 산사나무속처럼 전형적인 초지식물들에게는 있을 수 없는 일이다. 초지식물들은 이름에 이미 방어 전략이 담겨 있다. 쐐기풀이나 엉겅퀴류와 같은 약초들도 방어 무기를 갖고 있다. 날카롭고 긴 가시에 독이 들어 있다. 가시는 잘 부러져 피부에 잘 박힌다. 섬유질은 질기고 쓴맛이 나기 때문에 먹성이 좋은 초식동물들도 잘 먹지 않는다. 게다가 이들의 씨앗은 바람과 새들이 공중으로 실어 날라주기 때문에 널리 퍼지고 쉽게 정착할 수 있다. 반면 너도밤나무와 참나무는 방어 무기가 없다. 앞서 설명했듯이 두 나무의 씨앗은 무거워서 모수 아래에 바로 툭 떨어진다. 씨앗이 이동한다고 해도, 동물들이 실어 날라준다고 해도 불과 몇 킬로미터 정도다. 이 속도로 다른 지역까지 이동하려면 수천 년이 걸린다.

참나무와 너도밤나무의 멸종 위험이 초식동물들의 무리 때문이 아니라는 것은 확실하다. 독일의 원시림 생태계가 균형을 찾기까지 500여 년이 걸렸다. 이 기간 동안 유제류有蹄類, 발굽이 있는 포유류가 수백만 마리가 존재할 수 없었다. 초지식물과 거대 초식동물이 존재했다는 증거 자료가 있는 것은 사실이다. 그럼에도 중부 유럽 지역은 원시림으로 뒤덮여 있었다고 결론을 내릴 수 있다. 참나무와 너도밤나무의 존재를 인정하는 거대 초식동물 이론 옹호론자들은 섬처럼 생긴 숲이 존재했지만, 초식동물들이 빠른 속도로 먹어치워 사라졌을 것이라고 주장한다. 나무의 씨앗은 무거워서 수백 킬로미터의 먼 거리는 이동할 수 없다. 하지만 새들의 도움이 있으면 씨앗은 짧은 거리를 이동할 수 있었다. 방어 무기도 없는 활엽수는 말과 소 무리의 공격에도 굴하지 않고 정착하는 데 성공했다.

거대 초식동물 이론을 개인적인 목적에 이용하는 산림관과 사냥꾼들에게는 유감이다. 산림관들은 간벌을 정상적인 활동이라 생각한다. 오로크스가 했든 벌목공이 했든 상관없다. 반면 사냥꾼들은 사슴에게 마구 먹이를 주어 어린 활엽수를 있는 대로 먹어치우는 사슴 수가 폭등한다. 이런 행위에 대해 자연환경보호단체인 분트BUND 바이에른 지부 후베르트 바이거Hubert

Weiger 대표는 우려를 표하고 있다. "자신들의 이익을 위해 자연보호에 위배되는 목표를 설정하고 정책화하려는 움직임이 보입니다. 자연보호에 관한 학문적 논의가 긴장된 분위기에서 진행되는 것은 좋으나 자칫 잘못하여 이론 논쟁으로 빠질까 우려됩니다."[65]

숲에 심각한 영향을 끼치는 요인이 또 있다면 인간이 일으킨 기후변화다. 기후변화는 빠른 속도로 진행되고 있으며 나무는 그 변화를 더 빨리 느낀다. 2016년 여름 특이한 현상이 관찰되었다. 나는 8월 말 노르웨이로 여름휴가를 갔다가 충격을 받았다. 내가 집을 떠나자마자 내 관할 구역의 나무들에 달려 있던 건강한 녹색 잎도 사라진 것이다. 나는 일주일 동안 자리를 비우면서도 큰 걱정은 하지 않았다. 일기예보에서는 햇볕이 쨍쨍 내리쬐고 기온은 30℃를 웃돌 것이라고 했다. 그런데 막상 목적지인 하르당에르피오르 Hardangerfjord에 도착하자 퍼붓듯 비가 내렸다. 솔직히 실망스러웠다. 집에 돌아온다는 생각에 나는 설레는 마음으로 먼 길을 운전하여 고향 휘멜의 너도밤나무 숲으로 돌아왔다. 그런데 고향의 풍경을 보니 기분이 더 가라앉았다. 내가 없는 동안 화창한 날이 많지 않아서 수관의 대부분이 이미 갈색으로 변해버린 것이다. 나뭇잎까지 갈색으로 변해버린 나무도 많았다.

순간적으로 판단하건대 수분 부족 때문에 일어난 현상일 리는 없었다. 그래서 나는 여러 곳의 토양 샘플을 채취하여 손가락으로 만져보았다. 토양은 부스러지기는커녕 뭉쳐졌다. 수분은 충분하다는 뜻이다. 수관과 나뭇잎이 변색한 이유가 뭘까?

물론 여름에도 나뭇잎은 떨어진다. 대부분은 수분이 부족하여 일어나는 현상이다. 나무가 바싹 마르기 전 증산蒸散* 면적은 최대치에 달한다. 유감스럽게도 이렇게 한 철이 끝나면 광합성도 더 이상 일어날 수 없다. 이른 봄에는 새싹을 틔울 힘이 남아 있으나 이후에는 에너지를 더 얻을 수 없기 때문이다.

늦서리로 성성한 나뭇잎이 얼면 나무는 2차 관문을 통과해야 한다. 곤충들이 습격하는 것에 대비해 나무는 저장된 양분으로 방어 물질을 만들어내야 한다. 이 난관을 극복하지 못하고 너도밤나무와 참나무는 쓰러져 죽기도 한다. 가문비나무는 장렬하게 죽음을 맞이한다. 죽기 직전의 침엽수 잎은 붉게 물든다. 나무좀은 죽어가는 나무를 귀신같이 잘 찾고 바로 공격한다. 나뭇가지에서 나뭇잎이 떨어지는 것은 물론이고 수피가 떨어지면서 나무줄기도 떨어진다.

2016년 여름 이야기를 다시 하려고 한다. 내가 살고 있는 지역은 그해 여름 날씨가 선선하고 비가 많이 내렸다. 원래 나

---

* 식물이 뿌리를 통해 흡수한 물을 식물 잎의 기공을 통해 대기로 내보내는 과정.

무들은 이런 환경을 좋아한다. 원래는 그렇다. 독일과 같은 위
도 지역에서는 비가 많이 내리면 유해 미생물들에게 이익이다.
그래서 다소 이른 시기지만 7월이면 이미 나뭇잎이 떨어진다.
나뭇잎에 균류들이 자라면서 신나게 잔치를 벌이기 때문이다.
나뭇잎에 균류가 자라면 갈색 반점이 생기거나 우윳빛의 얇은
막이 깔린다. 소위 흰가루곰팡이**라는 것이다. 이런 것들이 '녹
색 태양 전지'인 나뭇잎에 너무 많이 생기면 나무는 나뭇잎과
분리돼야 한다. 그래서 가을처럼 바스락거리며 수관에서 나뭇
잎이 떨어지는 것이다.

　그러다가 갑자기 뜨겁고 건조한 날씨로 바뀌었다. 이런 급
격한 변화는 가장 강한 나무에게 내적 균형을 찾아준다. 며칠
만에 많은 활엽수들이 갈색으로 변하고 나뭇잎이 떨어졌다. 이
렇게 해야 균류의 공격에도 자신을 보호할 수 있기 때문이다.
그러나 산림관리가 이뤄지는 구역에서는 특히 이 증상에 시달
리다가 쓰러지는 나무들이 많이 발견된다. 자연적으로 형성된
숲과 달리 관리가 이루어지는 숲의 나무는 수관의 끝 부분에 구
멍이 특히 많아서 이 구멍 사이로 햇빛이 마구 들어오는 것이
당연하다. 반면 인간이 손을 대지 않은 숲은 자체적으로 기후를
형성하며 변화에 적응하고 이런 현상을 이겨낸다. 이때 나무들

** 　곰팡이 가루를 뜻하며 종종 병환부에 병원균의 포자 가루가 형성됨. 대표적으로 흰가루병
균과 노균병균이 있다.

은 뿌리와 균류 네트워크를 통해 서로 정보를 교류하고 도우며 몸이 약해진 친구들에게 구조 지원을 한다.

다른 계절의 날씨 사정은 어떨까? 나는 산림관이기 때문에 날씨의 변화를 눈여겨 관찰한다. 겨울에 폭풍이 심하게 몰아치면 나이 많은 가문비나무가 쓰러질까 걱정한다. 그 아래에 있는 작은 너도밤나무가 낯선 환경에 적응하고 지내려면 그늘이 있어야 한다. 그런데 가문비나무가 쓰러지고 나면 다음 여름에는 태양에 무방비 상태로 노출된다. 비가 너무 많이 오면 토양이 너무 물러져서 땅에 뿌리가 제대로 내려지지 않을까 불안하다. 개인적으로는 이가 덜덜 떨리는 추운 날씨를 좋아하지만 이런 날씨에는 눈이나 비가 내리지 않는다. 기압이 높은 지역은 정말 춥다. 이런 곳은 구름이 별로 없어서 밤마다 우주 공간으로 지열을 방출해야 하기 때문이다.

비나 눈이 내리지 않는 것이 나무에는 왜 안 좋을까? 독일은 여름에 비가 많이 내리지 않는다. 그래서 겨울에는 토양에 있는 수분을 끌어와 섭취해야 한다. 토양에는 식생 기간 외에도 수분이 많이 저장되어 있다. 식물은 빗물 말고도 토양을 통해 수분을 섭취할 수 있다. 이렇게 되려면 겨울 강수량이 많아야 한다.

여름 날씨가 너무 더워도 걱정이 되는 건 마찬가지다. 너무 많은 것들이 복잡하게 얽혀 있고 토양이 바싹 말라버리니 나무는 고통을 받을 수밖에 없다. 이미 설명했지만 이런 상태의 나무들은 쉽게 병이 든다. 비가 와도 천둥 번개를 동반하고 태풍처럼 바람까지 세게 불어닥칠 때가 많다. 이런 날씨에는 내가 좋아하는 활엽수들이 바람의 공격을 많이 받기 때문에 특히 피해를 많이 입는다. 유럽은 겨울에 원래 바람이 많이 분다. 환경에 적응하면서 진화라도 한 듯 활엽수들은 나뭇잎 없이 바람을 맞고도 꼿꼿이 서 있다.

슬슬 이해가 되는가? 날씨의 신은 나 같은 산림관의 마음을 몰라주는 것 같다. 내가 나무와 나무의 미래만 너무 걱정하는 게 아니냐고 여길 수도 있다. 하지만 나는 매일 나무를 관찰하며 살기 때문에 매년 슬금슬금 늘어나는 변화가 걱정스럽다. 모든 언론에서 앞다투어 보도하는 따뜻한 겨울만이 문제가 아니다. 겨울이 점점 늦게 오고 있다. 급기야 1월까지 기다려야 첫눈을 볼 수 있을 정도가 되었다. 내 관할 구역은 보통 11월 말이면 500m 이상 눈이 쌓여야 하는데 말이다.

한편 3월은 따뜻한 날씨를 즐기려고 밖에 앉아 보기도 전에 쏜살같이 지나가버린다. 꿀벌들도 활동을 하지 않고 집안에 웅크리고만 있다. 버드나무는 늦게 꽃을 피우고 다른 꽃들의 화밀도 더디 만들어진다. 게다가 날씨도 아직 풀리지 않아 먹이로 삼을 만한 벌레를 잡으러 다닐 수도 없다. 화훼 상가에 가면 발코니용 바구니와 화단에 꽃이 풍성한 반면, 산림관 관사에서 꽃구경을 하려면 5월 말까지 기다려야 한다. 마지막 눈은 4월에 내렸고 마지막 서리는 6월 초에도 내렸다. 아무 생각 없이 제라늄과 피튜니아를 사서 화단을 채우는 일이 반복되고 있다. 원래 8월이 한여름인데 2016년에는 9월 중순이 되어서야 진짜 더위가 찾아왔다. 9월은 기상학적으로는 초가을로 아름다운 늦여름 날씨를 자랑해야 한다.

사람의 경우 모든 일정이 함께 뒤로 밀려도 일반적으로 큰 상관이 없다. 그런데 나무들의 세계는 좀 다르다. 나무의 생체 시계는 사람의 것보다 융통성이 없는 모양이다. 우리가 낮의 길이가 줄어든 것을 인식하듯 나무도 이 사실을 알고 서서히 겨울잠을 준비한다. 상황이 달라졌다고 해도 나무들은 자기 마음대로 나뭇잎을 4주 더 달고 있을 수가 없다. 겨울이 일찍 찾아오고 폭설이 내릴 수 있다는 것도 계산해야 하기 때문이다. 원래 가을 햇살을 맞으며 오랫동안 나뭇잎을 달고 있어야 했던 나무들은 벌을 받고 있는 것이나 마찬가지다. 이런 상황에서는 나뭇가지가 부러지면서 대부분의 나무들은 더 이상 버티지 못하고 갑자기 쓰러진다.

이런 경우 구제 방안은 나무가 북쪽으로 이동하는 것이다. 실제로 나무들은 이렇게 행동, 아니 시도하고 있다. 그러나 인간은 나무의 이동을 예상하지 않았다. 오히려 산림 계획에 따라 우리 종에 속하는 소유물을 표시해놓고 더 추운 지역으로 확산되는 것에 대해 엄격히 제한하고 있다.

쉬운 예로 이것이 개인 소유의 잔디밭이라고 하자. 내가 잔디를 깎을 때마다 풀 사이로 어린 참나무 싹이 빼꼼히 얼굴을 내밀고 있는 것이 보인다. 불쌍하게도 이 싹은 잔디 깎는 기계에 매번 잘려나간다. 참나무의 모수는 이곳에서 대략 30m 떨어진 곳에 있다. 비록 느린 속도이기는 하지만 참나무는 나름대로 이동하고 있는 것이다. 바로 앞에서 설명했지만 새와 바람이 참나무 씨앗을 나를 수 있는 거리는 멀지 않다. 씨앗이 떨어진 자리가 계획했던 위치가 아니라면 나무 입장에서는 이동이 아닌 것이다.

동물의 이동을 위한 통로를 열어두기 위해 국제적으로 노력하고 있다. 이 통로를 이용하면 거대한 무리의 솟과 포유류인 누와 다른 초식동물인 얼룩말, 코끼리가 국립공원에서 다른 지역으로 이동할 수 있다. 중부 유럽에서는 이미 들고양이 지원 등 동물 이동을 지원하고 있다. 분트BUND 같은 자연환경보호단체는 새끼 호랑이를 다시 보급시켜 독일 전역을 돌아다닐 수 있는 통로를 마련했다.[66]

그렇다면 나무를 위해서는 어떤 노력을 하고 있을까? 나무는 너무 천천히 이동하기 때문에 보호할 방법이 없다. 전문가인 나도 너도밤나무 같은 나무들은 기후가 변화했을 때 더 높은 위도 지역으로 이동하는 속도가 너무 느리다고 생각한다. 그런데 문제는 이동속도가 아니라 얼마만큼의 개체수가 정착을 하느냐다. 아무 계획 없이 작은 장소에 씨앗이 떨어졌다가는 씨앗이 다시 사라지기 십상이기 때문이다. 예를 들어 가문비나무는 X 구역에서, 너도밤나무는 Y구역에서 자란다고 하자. 그 옆의 구역에서는 경작이 허가되고 목초지로 등록되었다고 하자. 이런 엄격한 구분이 자연에서 중요한 요소인 변화를 막는다.

다시 내 잔디밭 이야기로 돌아가려고 한다. 솔직히 고백하지만 내 책임도 있다. 우리는 환경을 일정한 틀에 끼워 맞춰놓은 상태에서 기후변화에 어떻게 대응해야 하는지 알려고 한다. 우리가 알고 있는 나무종들의 이동속도가 정말 그렇게 느릴까?

나는 에너지 절약을 통해 기후를 보호하는 방안 말고 더 많은 보호구역을 찾는 것이 중요하다고 생각한다. 일종의 징검다리 시스템으로 야생 숲이 필요하다. 이 시스템이 있다면 맨발로 하천을 건널 수 있다. 모든 동물보호구역은 징검다리를 구성하는 돌이다. 징검다리가 많을수록 야생종들이 문화 경관을 통해 보호구역에서 보호구역으로 자유롭게 이동할 수 있다. 이 구역들이 서로 너무 멀리 떨어져 있지 않다면 나무가 기후변화에 어떻게 반응을 하는지 실제로 관찰할 수 있다. 어쩌면 나무들은 북쪽으로 이동하고 싶은 마음이 전혀 없는지도 모른다.

이제 우리는 안다. 산림경영으로 너도밤나무 숲이 훼손되지 않는다면 뜨거운 여름에도 시원한 날씨를 유지할 수 있다는 것을. 너도밤나무가 쓰러지면 짙은 녹색의 나무줄기 사이로 햇빛이 들면서 공기가 건조해지고 후끈해진다. 이때 몸집이 큰 너도밤나무는 어려움에 빠진다. 해결 방안은 간단명료하다. '목재 사용 감소 = 에너지 사용량 감소 = 기후변화 감소 = 건강하고 적응력 높은 숲'. 작은 구역에서라도 이 방법이 성공을 거둔다면 느리게 움직이는 식물의 세계에 희망이 있으리라 본다.

지금까지 인간의 행위가 나무에 끼치는 영향을 주로 살펴보았다. 그런데 인간의 행위가 자연에 끼치는 영향은 훨씬 미묘하고 이해하기 어렵다. 원인과 결과가 동떨어진 것처럼 보여 그 연결고리를 찾기 어렵기 때문이다.

20년 전 나는 가족과 함께 처음으로 미국 남서부 지역으로 여행을 갔다. 그리고 올해 또다시 갔다. 우리는 북아메리카 자연의 아름다움에 단번에 사로잡혔다. 웅장한 사암 암석이 빚어낸 국립공원의 풍경은 숨 막히는 장관이었다. 인적이 없는 광활한 땅에는 동물과 식물 외에도 희귀한 모양의 암석이 형성되어 있었다. 아치스국립공원Arches National Park이라는 이름도 인상적인 모래 아치들이 특히 많다고 하여 붙여진 것이다.

거대한 모래 아치 중 일부는 크기에 비해 매우 약하다. 관광객들은 처음에는 크기에 놀라고, 부서질 듯 약한 이 모래 아치가 수천 년간 비바람을 견디고 서 있다는 사실에 또 한 번 놀란다. 이 궁금증은 몇몇 기념물을 통해 해결되었다. 1977년 이후 유타주의 캐년랜드국립공원에서만 43개의 모래 아치가 붕괴되었다. 붕괴 원인은 관광객이나 종교와 관련이 있었으며 모두 인간의 행위가 초래한 것이었다. 유타주 솔트레이크시티대학교 연구팀의 연구결과에 의하면 이 암석들은 아치 모양의 곡선들이 줄을 지은 형태로 있었다.

모래 아치의 크기 변화는 대부분 자연 현상과 관련이 있었다. 지진 외에도 특히 하루의 기온변화에 따라 암석의 크기가 팽창했다. 팽창되었던 아치는 추운 겨울밤이 되면 다시 수축된다. 아치가 붕괴된 이유는 바로 여기에 있었다.

또 다른 원인을 찾기 위해 학자들은 레인보우 브리지에 전선을 설치했다. 자연 현상이 창조한 다리 중 가장 높다는 레인보우 브리지는 나바호 인디언의 성지이기도 하다. 일반 관광객들의 출입은 일체 금지되어 있다. 관련자들만 국립공원 감독관의 인솔 하에 파월호Lake Powell의 측면으로 들어가볼 수 있다. 이는 모래 아치를 보호하기 위한 목적보다는 이곳에 사는 부족들의 마음을 살피기 위한 것이다.

제프리 R. 무어Jeffrey R. Moore 연구팀이 밝혀냈듯이 인간의 행위가 이 사암 암석에 끼친 영향은 순식간에 나타났다. 파월호의 물결은 강변에서 더 부드럽다. 수천 킬로미터에 달하는 이 호수의 물결이 빚어내는 맥동은 레인보우 브리지에서만 측정할 수 있으며, 아주 미세하지만 흔들림이 끊임없이 반복되는 것을 느낄 수 있다.[67] 이 소리를 직접 측정해보면 놀랄 만한 사실은 없다. 예

상대로 1,600km 떨어진 오클라호마의 시추 작업으로 인해 발생한 압력파이기 때문이다. 최근에도 모래 아치가 붕괴되었는데 명확한 원인은 밝혀지지 않았다. 어쨌든 인간의 행위가 생태계에 부정적인 영향을 끼칠 수 있다는 사실을 보여주는 좋은 사례다.

이쯤에서 앞서 다뤘던 지하수에 대해 다시 살펴보려고 한다. 모래 아치가 붕괴한 원인을 다룰 때 떠올랐던 것으로 아직 전문적으로 연구된 적은 없고 순수한 추측일 뿐이다. 깊은 곳에 있는 물에는 가스 성분이 포함되어 있다. 갑각류를 비롯한 다른 미생물들은 호흡을 할 때 산소는 들이쉬고 이산화탄소는 내뿜는다. 어렵게 생각할 것 없이 탄산수병을 흔들면 어떻게 되는지 생각해보자. 탄산이 빠져나가면서 거품이 끓어오른다. 그러면서 이 물의 가스와 산소 성분은 줄어든다.

지하를 거대한 생수병이라 생각하면 이해가 쉽다. 병을 흔들면 진동이 발생한다. 이때 가스와 산소 함량에 변화가 생길까? 석유와 가스를 분리하는 프래킹 시설 근처에서는 충분히 발생할 수 있는 일이다. 지하 3,000m 깊이까지 압력이 가해진 액체를 이용해 파쇄 작업을 하기 때문에 당연히 진동이 발생한다. 그런데 프래킹 작업 종료 후에도 화학물질이 토양에 남아 있고 미세하게 분열된 이 물질이 작업층의 틈 사이로 들어간다. 이런 상황이 되면 태어날 때부터 장님인 갑각류들은 뭐라고 말할까?

적어도 중부 유럽에서는 경이로운 생태계의 지하를 흐르는 물이 아직 오염되지 않았다. 그러나 주거 지역 인근에서는 이미 급격한 변화가 일어나고 있다. 농업용수와 공업용수에 들어 있던 유해물질이 지하로 스며들고 있으며 매일 엄청난 양의 물이 펌프로 끌어올려지고 있다. 독일에서만 매일 수천만 리터에 달하는 물이 수돗물로 흘러나간다. 노천 광산 등에서 사용했던 공업용수가 지하수를 통해 우리가 상상할 수 없을 정도로 멀리까지 흘러들어가고 있다. 2004년 한 해에만 쾰른 지역 갈탄 광산에서 5억 5,000만m³의 공업용수가 배출되었다. 이것은 독일 식수의 1.5배에 달하는 엄청난 양이다. 최소한 3,000km²의 면적이 지하에 존재한다. 1km³의 면적에 무수히 많은 생물들이 우글거리며 살고 있다. 이들은 아직 연구된 적도 없으며 자연에 어떤 영향을 끼칠지 모른다.

아직 지하수가 전혀 오염되지 않은 지역도 많다. 이 지역은 저 깊은 토양층과 더불어 유럽 최후의 오염되지 않은 공간이다. 인간의 손길이 닿지 않은 순수한 자연이 국립공원이나 자연보호구역보다 좀 더 가까운 곳, 우리와 멀지 않은 곳에 있다. 그럼에도 우리는 그곳에 갈 수 없다.

지난 10만 년 동안 인류의 진화가 환경에 어떤 영향을 끼쳤을까? 피부가 하얗고 파란 눈을 가진 백인들은 멸종위기에 처해 마지막 인사를 해야 할 날이 멀지 않았는지도 모른다.

오늘날
인류진화가
나아가고 있는 곳은

우리 몸은 고대에서 시작하여 아직까지 완성되지 않은 건축물과 같다.

앞으로 5만 년 후 인간의 외모는 지금과 전혀 다를 것이다.

우리는 진화의 종착점에 다다랐다고 생각하지만

이러한 변화는 여전히 활발하게 진행되고 있다.

다만 그 속도가 너무 느려서 눈치 채지 못할 뿐이다.

중부 유럽인들의 대부분은 피부색이 하얗다. 하얀 피부가 어쩌면 중부 유럽인들의 공격성과 관련이 있는지도 모른다. 이번 장에서는 그 이유를 꼼꼼히 살펴보려고 한다. 여기서 공격성이란, 사람들 사이의 분쟁이 아니라 외래종에 대한 배타성을 의미한다. 이러한 공격성이 우리가 진화 과정에서 승리하는 데 기여했고 그 덕분에 현재의 유럽인이 존재하는 것이다. 반면 대부분의 다른 종들은 진화 과정에서 패배하여 멸종했다. 그렇다면 우리는 진화 과정에서 지나치게 성공한 것이 아닐까? 자연이라는 거대한 시계를 고장 내길 즐기는 도전 정신이 우리의 유전 정보 속에 들어 있는 것일까? 아니면 우리는 너무 성공한 나머지 이 거대한 시계 장치의 톱니바퀴를 이미 떠나 일종의 생태학적 평행사회*로 진입한 것일까?

나는 토론 자리에서 현생인류_{호모 사피엔스 사피엔스}의 진화가 멈췄다는 의견을 자주 듣는다. 의학 발전의 관점에서 보면 이러한 견해는 기정사실이나 다름없다. 맹장 수술, 인슐린 주사, 베타수

---

* 다수가 받아들이는 규칙과 윤리를 인정하지 않거나 거부하는 소수 집단으로 이뤄진 사회적 자치 조직.

용체 차단제* 같은 간단한 방법으로 우리는 이제 생명을 연장하면서 잘 지내게 되었다. 불과 1만 년 전 우리는 이러한 질병의 고통 가운데 있었으며 맹수들에게는 손쉬운 먹잇감이었다. 다른 말로 우리는 험난한 진화 과정을 극복하고 선택을 받았다.

우리는 이러한 신체적 결함에도 의학의 도움을 받아 살아남고 이 결함을 다음 세대에 물려준다. 그렇다면 인간이 다른 종보다 질병에 점점 더 취약해지다가 어느 순간 의술의 혜택이 갑자기 끊겼을 때 멸망하지 않을까? 이러한 측면을 더 정확하게 조사하려면 다음 두 문제를 짚어봐야 한다. 첫째, 진화라는 지렛대에서 우리는 한 단계 우위에 있는 것일까? 둘째, 의술처럼 인간의 생존에 도움을 주는 수단을 사용하는 행위, 이른바 자연의 창조물을 발전시켜나가는 행위도 진화에 속할까?

이 질문과 관련하여 한 가지 확실하게 답을 줄 수 있는 부분이 있다. 인류의 진화가 한창 진행 중이라는 건 자명한 사실이다. 이러한 상황을 정확하게 이해하려면 먼저 지금 우리가 살고 있는 럭셔리한 스위트룸의 커튼을 올려 환기를 시키고 아프리카처럼 문명 발달 이전의 모습이 남아 있는 지역으로 시선을 돌릴 필요가 있다. 아프리카는 여전히 전염병이 들끓고 사람들이 기아에 허덕이며 전쟁이 끊이질 않는다. 우리가 상상할 수

---

* 심혈관계 질환이나 고혈압 치료제로 쓰이는 약물.

없을 정도로 상황이 심각하다. 세계보건기구^{WHO} 조사에 의하면, 2015년 혈액을 통해 감염되는 질병의 일종인 말라리아 감염자 수만 2억 명에 육박하며 사망자 수는 44만 명에 달한다고 한다. 영양실조로 생명이 위태로운 사람 수는 전 세계에 8억 명이나 있으며, 그 가운데 매년 690만 명의 어린이가 5년 내에 사망한다고 한다. 1996년 이후 지속되고 있는 콩고 내전으로 인해 목숨을 잃은 사람이 400만 명 이상에 달한다.[68]

위의 사례들은 일부일 뿐 지금도 이런 끔찍한 일이 계속 이어지고 있다. 적도 이남 아프리카 지역 사람들은 여전히 이러한 위험 가운데 살고 있다. 이 지역에서는 생존에 대한 위험도와 환경으로 인한 심리적 압박감이 석기 시대 이후 거의 그대로다. 선천성면역결핍증^{AIDS} 감염자수가 월등히 많은 남아프리카 보츠나와 공화국의 평균 수명은 34세로 내려갔다.[69] 이 지역을 비롯한 대부분의 아프리카 지역 국가의 사망 원인은 대개 외적인 요인인 '윤리적인 부분'과 관련이 있다. 내가 비아냥거리는 어조로 표현한 것이라고 오해하지 않길 바란다. '윤리'에 관한 주제는 다시 한 번 다루도록 하겠다.

먼저 아프리카에서 많이 발생하는 질병에 대해 살펴보도록 하자. 이 질병들은 대개 유전적 요인과 관련이 있으며 인간의 유전자에 지금도 많은 영향을 주고 있다. 말라리아 발생 지역에서는 겸상적혈구빈혈증^{sickle-cell anemia}이라는 희귀성 혈액 질환 발

병률이 높다. 이 병에 걸리면 둥근 판 모양의 적혈구가 낫 모양
으로 변형된다. 이 질병에 걸린 사람의 장기에는 산소가 충분히
공급되지 않으며 대개 30세 이전에 사망한다. 하지만 겸상적혈
구빈혈증 유전자 보유자의 상당수가 낫 모양 적혈구 외에 정상
적인 적혈구를 충분히 갖고 있기 때문에 정상인에 거의 가까운
생활을 한다.

　이제부터 본격적으로 겸상적혈빈혈증과 말라리아의 관계
에 대해 이야기해보자. 말라리아는 모기를 통해 원충이 적혈구
로 전이되면서 적혈구가 파괴되는 질병이다. 처음에는 세포가
대량으로 파괴되면서 감염자는 고열에 시달리다가 나중에는 장
기가 파열된다. 이것이 말라리아의 진행 경과다. 그런데 겸상적
혈빈혈증 유전자 보유자는 말라리아에 대해 선천적으로 내성이
있다. 이와 관련된 정확한 메커니즘은 아직 규명되지 않았으나
말라리아의 파괴력이 상당히 제한적인 것은 사실이다. 이러한
장점이 말라리아 발병률이 높은 지역 거주자에게 영향을 주어
이 지역 사람들의 유전자가 말라리아에 대한 내성을 갖도록 변
하는 현상이 관찰되고 있다.

　그러니까 '만물의 영장'인 인간이 발전의 최종 단계에 도달
하여 진화가 멎은 것이나 다름없다는 생각은 잘못된 것이다. 복
지의 혜택을 누리고 있는 서구 선진국은 넓은 지구에서 일부에
불과하다. 이처럼 작은 공간인 우리 주변에서 일어나고 있는 일

만 보면 인류의 진화가 끝나가는 듯하다. 하지만 아주 미세한 형태라서 눈에 잘 띄지 않을 뿐 자연의 선별 과정이 지금도 진행되고 있다. 지난 수십 년 동안 유럽에는 전쟁과 배고픔이 없었다. 우리는 지난 수백 년 동안 아무 시련 없이 이처럼 평안한 시절을 누린 세대가 없었다는 사실을 잊지 말아야 할 것이다. 인간도 자연도 휴식을 취하지 못하면 스트레스를 받는다. 암, 심근경색, 뇌졸중은 그동안 인류가 달성한 의학적 성과에도 불구하고 병의 원인을 정확히 알 수 없는 요소들 중 일부에 불과하다.

엄밀히 따지면 현대 문명 때문에 현대 의학이 필요해진 것이다. 물질문명의 발달이 원인이 되어 발생하는 소위 문명병은 수천 년 전에는 거의 존재하지 않았다. 치아 교정, 척추 디스크 수술, 우회술 등은 건강에 좋지 않은 생활방식으로 인해 생긴 것이다. 이러한 관점으로 보면 인류의 문명은 고속으로 달리는 진화 과정을 중단시키고 한 방향으로만 가도록 내몰고 있는 셈이다. 서구 선진국인들의 유전자에는 배고픔과 전염병 대신 콜레스테롤과 같은 유해물질이 침투해 있다.

이런 문제를 제외하고 우리 몸만 관찰해도 진화가 아직 끝나지 않았음을 알 수 있다. 우리 몸은 고대에서 시작하여 아직까지 완성되지 않은 건축물과 같다. 사랑니, 맹장, 탈모가 그 증거다. 우리는 사랑니와 맹장이 없어도, 수많은 남자들의 고민거리지만 머리슐이 조금 적어도 사는 데는 아무런 문제가 없다. 앞으로 5만 년 후 인간의 외모는 지금과 전혀 다를 것이다. 우리는 진화의 종착점에 다다랐다고 생각하지만 이러한 변화는 여전히 활발하게 진행되고 있다. 다만 그 속도가 너무 느려서 눈치 채지 못할 뿐이다.

지구의 현재와 과거 모습을 비교해보면 무슨 말인지 더 쉽게 이해할 수 있을 것이다. 과거에는 지구가 커다란 땅 덩어리로 되어 있고, 이 대륙들은 절대로 움직일 수 없다고 믿었다. 물론 지금은 학교에서 지구의 껍질인 지각이 여러 개의 판으로 이뤄져 있으며 이 판들이 이동한다고 배우지만 말이다. 어쨌든 모든 대륙을 감싸고 있는 이 판들이 점착성의 암석 위에서 표류하다가 포개지거나 산맥이 융기하거나 분리되어 틈이 생기고 그 시이로 용암이 분출한다.

현재 서로 떨어져 있는 북아메리카와 유럽은 매년 2cm씩 더 멀어지고 있다. 사람의 발톱이 1년 동안 자라는 속도의 두 배 정도다. 1,000만 년 후면 북아메리카와 유럽 사이 거리가 200km나 더 멀어진다는 것이다. 1,000만 년은 인간의 기준에서는 긴 세월이지만 지구 역사의 기준으로 보면 짧은 순간이다. 한때는 고정되어 꽉 달라붙어 있던 판들이 다시 분리될 때 지각이 흔들린다. 우리는 이 흔들림을 지진을 통해 느낀다.

이 맥락에서 중요한 질문을 던져보려고 한다. 그렇다면 지역마다 진화의 속도와 방향이 다를까? 우리는 이러한 '선택적 진화'의 정도를 기아와 질병의 형태로 느끼지만 선진국들은 각종 지원 수단을 통해 이 프로세스가 완화되었다.

개인에게는 이것이 장점으로 작용할지 모르지만, 장기적으로 이 지역의 인구 전체에 부정적인 영향을 끼칠 수 있다. 영양실조와 전염병이 퇴치되면 지금까지 유전적으로 중요한 변화를 가져왔던 두 가지 요소가 사라지기 때문이다. 이 국가의 국민들에게 진화는 사실상 중단되고 말 것이다. 수천 년이 지나면 이들은 저개발 지역 국민들보다 유전적으로 우세해질 것이다.

하지만 현대사회는 이동성이 폭발적으로 증가했기 때문에 이러한 지역 간 격차는 일어나지 않을 것이다. 현대인들의 이주 행렬은 지역 간 차이를 좁히며 부모의 혈통이 다른 혼혈인들이 점점 증가하고 있다. 유럽인들은 유전적으로 로마인의 기질을 주로 물려받았지만 유럽인과 미국인의 피 속으로 로마뿐 아니라 중국, 잠비아, 멕시코의 유전자가 들어오고 있다.

유전적 특성은 지역적 특성에 적응하며 변해왔지만 지금은 이러한 변화가 거의 중단된 듯하다. 과거에는 오랜 세월 동안 이동이 제한되어 각기 다른 문화를 유지해온 반면, 지금은 해외 패키지여행과 이민이 보편화되었기 때문이다. 학자들은 현대인의 뿌리를 지금으로부터 약 15만~20만 년 전에 살았던 '미토콘

드리아 이브'에서 찾을 수 있다고 주장한다. 이후 다양한 환경
적 요인에 의해 피부색과 신체적 특징에 차이가 생겼지만 현재
이 차이가 빠른 속도로 사라지고 있다. 일부 학자들은 다양성이
사라지고 있다며 속상해 하지만, 인류 전체의 입장에서는 혈통
적 차이를 극복할 수 있는 절호의 기회일 것이다.

그런데 진화는 우리가 생각하는 것과는 전혀 다른 방향으
로 진행될 수 있다. 그 증거로 이미 먼지가 되어버린 인류의 사
촌 네안데르탈인에 대해 살펴보려고 한다. 석기 시대에 살았
던 네안데르탈인은 근육이 발달했으며 뇌 크기는 현대인과 거
의 비슷했다. 네안데르탈인의 문화는 상당한 수준이었다. 이들
은 정착생활을 했고 당시에 이미 작업 분담 문화가 존재했으며
예술적 감각도 있어 돌칼과 나무로 된 칼집을 제작하였다. 신체
그림, 사자死者 숭배, 현대인의 특징인 언어를 사용했던 것으로
보인다. 물론 이들의 소리는 지금은 사라지고 없다.

학자들에 따르면 호모 사피엔스와 호모 사피엔스 속인 네
안데르탈인은 수천 년 동안 유럽에서 공존했다. 이후에 등장한
현생인류인 호모 사피엔스 사피엔스는 다소 투박한 네안데르탈
인으로부터 많은 것을 보고 배웠다. 네안데르탈인이 인류의 직
속 조상인 현생인류에게 정신적으로 영향을 끼칠 만큼 성숙했
을까? 이 문제는 학술적으로 논의해야 할 사항이다. 개인적 견

해지만 공정한 논의가 이뤄질 수 있다고 생각하지 않는다. 초기의 호모 사피엔스는 우리가 상상도 할 수 없을 정도로 지금과는 전혀 다른 모습이었다. 이 질문에 그렇다고 대답한다면 우리 인간은 '만물의 영장'이라는 영광을 다른 종들과 나눠가져야 한다. 그리고 진화를 통해 이 영광이 뇌가 크고 공격성을 보였던 인간에게 전해진 것이라는 결론이 나온다.[70] 이런 것들은 일부 사실을 말해줄 뿐 객관적인 논의는 아직까지 불가능하다.

우리는 네안데르탈인을 다룰 때 이러한 최소한의 증거를 갖다대면서 항상 지적인 능력을 언급한다. 네안데르탈인의 혀 아래 부분에는 설골舌骨*이라 불리는 자잘한 뼈가 있다. 말을 하려면 이 설골이 있어야 한다. 또한 언어를 이해하는 데 반드시 필요한 폭스피2 FOXP2라는 유전자가 네안데르탈인에게서 발견되었다. 그럼에도 학자들은 이것을 네안데르탈인이 언어를 사용했다는 증거로 삼지 않고 신체적인 조건이라고 여긴다. 이 논리대로라면 지금까지 발굴된 네안데르탈인의 유골에 있는 안와눈구멍도 단순히 눈이 있었다는 증거밖엔 안 된다는 얘기다. 실제로 네안데르탈인에게 시력이 있었는지 정확한 사실을 아는 사람은 아무도 없지 않은가?

한편 네안데르탈인의 뇌가 큰 이유는 추위에 적응하기 위

---

* 목뿔뼈라고도 하며, 아래턱뼈와 후두의 방패 연골 사이에 있는 말굽 모양의 뼈.

한 환경적 요인이나 체중이 증가한 신체적 요인과 연관 지어 설명할 수 있다. 지금도 체중과 신체 배치 구조가 네안데르탈인과 비슷한 사람들이 있다. 하지만 이들은 '단순히' 네안데르탈인 형型일 뿐이다.

몇 년 전 확인된 또 다른 학설이 있다. 이 학설에 의하면 네안데르탈인과 현생인류는 전혀 관련이 없다고 한다. 유전자 분석 결과 네안데르탈인은 현생인류와 다른 유전자를 갖는 것으로 확인되었다. 인간의 게놈 염기서열 분석 결과를 이용하여 네안데르탈인의 모습을 재현했는데 깜짝 놀랄 만한 사실이 발견되었다. 비아프리카계 혈통을 가진 사람 중 약 1.5~4%의 유전자에 네안데르탈인의 피가 몰래 숨어 들어왔던 것이다.[71]

첫 번째 부분은 사실이다. 실제 네안데르탈인과 현생인류의 피부와 눈동자 색깔은 같았다. 이미 저 세상으로 간 네안데르탈인의 조상이 보면 좋아할 것이다. 최근 연구결과에 의하면 밝은 피부색과 푸른 눈동자는 네안데르탈인이 북방계 환경에 적응하면서 나타난 신체적 특징이다. 이 지역은 일조량이 많지 않아 햇빛으로부터 보호해주는 갈색 색소가 많이 필요하지 않았다. 이들이 피부색이 어두운 남방계 자손들과 결합했을 때 이러한 장점이 후손들에게 계속 발현됐다. 서로 다른 두 혈통이 결합할 때 나타나는 특성은 아직까지도 존재한다. 이를테면 우울증 발병 성향 혹은 담배에 대한 의존도 등이 대표적인 예다.[72]

우리의 유전자가 네안데르탈인에게서 발견되기도 했으나 이 견해는 오랫동안 배척당해왔다. 약 10만 년 전 현생인류와 네안데르탈인은 만났고 서로 가까운 관계였다. 가깝게 지내다 보니 이러한 만남의 흔적이 네안데르탈인의 뼈에서 발견될 수 있었던 것이다. 그 증거는 알타이산맥에서 발굴되었다.[73]

네안데르탈인에 관한 연구는 원인보다는 증상 위주다. 우리와는 다른 사람속homo genus에 속한다는 네안데르탈인에 대해서는 항상 현재의 연구 상태에 의하면 더 이상 문제 삼을 것이 없는 것처럼 다룬다. 아직 확실한 증거가 없고 다른 것을 통해서는 확실한 사실을 밝힐 수 없다고 인정하는 편이 차라리 솔직한 태도가 아닐까? 이런 애매한 태도를 보면 인간만이 영리한 존재라는 믿음을 버리고 싶지 않은 학자들의 속내가 숨어 있는 건 아닌가 의심이 든다. 이 믿음을 흔들면 안 된다는 신념 말이다. 누군가가 금지했기 때문이 아니라, 우리의 본능이 '절대로' 이것만은 아닐 것이라며 진실을 거부하고 있기 때문인지도 모른다. 영국의 생물학자 스티브 존스Steve Jones는 2008년 독일 일간지《디 벨트Die Welt》에 기고한 글에서 "인간은 진화를 성공적으로 마친 존재다. 인간은 만물의 영장이며 사물에 대한 탁월한 통찰력을 지니고 있다"라고 했다.

자연은 미래에 대해 적응 혹은 멸종, 오직 이 두 길만 제시한다. 이 변화는 그리고 이 변화에 대한 것은 인간의 지적 능력과 관련이 있다. 다시 한 번 강조한다. 진화는 변화에 대한 적응일 뿐, 뇌의 기능이 향상되었거나 뇌의 크기가 더 커졌다는 의미에서의 발전이 아니다.

그런데 인간의 막강한 무기인 지적 능력이 인간에게 오히려 불리하게 작용할 수 있다는 연구결과도 있다. 한 미국 연구팀에서 인간과 원숭이 세포의 자기 파괴 프로그램을 비교했다. 자기 파괴 프로그램은 노화 혹은 손상된 세포를 파괴하고 제거하는 역할을 한다. 연구결과에 의하면 원숭이의 경우 인간보다 자기 정화 메커니즘이 더 효과적으로 작동했다. 연구팀은 이 결과에 대해 인간은 세포 간 연결률이 높기 때문에 자기 파괴율이 더 낮게 나타났다고 분석했다.

이 연구결과에 따르면 인간은 비싼 대가를 치르고 지능을 얻은 셈이다. 인간이 사망하는 주 원인 중 하나가 암이다. 그런데 자기 파괴 프로그램은 이 암세포를 파괴한다.[74] 원숭이는 암에 걸리지 않는 것으로 알려져 있다. 인간은 왜 암에 걸리고 원숭이는 암에 걸리지 않는 걸까? 사고력을 얻은 대가가 이토록 혹독해야만 하는 걸까? 인류는 생존하기 위해 지적 능력을 개발하고 활용해왔다. 이 지적 능력이 자기 정화 메커니즘을 향상시키기도 하고 저하시키기도 한다. 이것은 현대인으로서는 받아들이고 싶지 않은 사실이다.

현대 사회는 소위 지적 능력이 개인의 삶의 질로 이어지는 시대가 아닌가? 우리 삶에서 무엇이 중요한가? 행복, 사랑, 편안함일 것이다. 맛있는 음식, 겨울에는 따뜻하고 여름에는 적당히 선선하고 쾌적한 집, 안락함 가운데 사는 것이 일상의 행복이다. 이것 말고 여러분의 머릿속에는 어떤 것들이 떠오르는가? 지적 능력을 최고로 발휘하는 것보다는 감정과 본능에 가까운 것들이다. 서기 5만 년쯤 되면 인간은 뇌의 용량과는 상관없이 충만한 삶을 살 것이다. 인류가 지금까지처럼 변화하는 환경에 잘 적응만 한다면 말이다. 아마 인류는 계속해서 자연에 적응하며 살 것이다. 그 누구도 자연의 네트워크에서 벗어날 수 없다.

자연은
그 자체로 모든 것을
조절한다

모든 것들은 서서히 조금씩 균형을 맞춰가고 있었다.

충분히 가능한 일이다.

우리는 이미 자연이라는 거대 시계 장치 가운데 있다.

자연의 시계는 정말 망가졌을까?

망가졌다면 반드시 수리를 해야 할까?

자연의 시계는 인간이 정교하게 맞춘 기계식 벽시계보다 훨씬 더 복잡하다. 그럼에도 나는 서문에서 잠시 다뤘던 어린 시절 에피소드를 비유 삼아 자연의 네트워크를 설명하는 걸 좋아한다. 어린 시절의 나처럼 아무 생각 없이 시계 장치를 분해한다면 무슨 일이 벌어질까? 크로노미터정밀 시계 장치부터 고장 나기 시작하여 시계 장치가 전부 망가지는 연쇄반응이 일어날 것이다. 고장이 나서 수리해야 할 상황이 된 시계는 어떤 상태일까? 먼저 자연이 스스로 이 상태를 극복할 수 있는지 확인하는 것이 중요하다.

그다음에 살펴봐야 할 것은 시간이다. 손상된 상태가 자연적으로 회복되려면 수백 년 혹은 수천 년이 걸릴 수도 있다. 인간이 이 과정에 개입하면 숲은 더 빨리 회복될까? 인간은 이런 개입에 한 번 성공하면 더 나은 방향으로 가는 모습을 함께 체험하고 싶어 한다. 우리 후손들이 이러한 노력의 성과를 체험할 수 있다고 해서 화석 에너지원이나 화학 원료 사용 중단을 의미 있는 행위라고 할 수 있을까? 우리는 최대한 긍정적인 변화를 이루기 위해서 자연에 과감하게 개입할 것이다. 우리가 성취욕에 불타올라 '환경 시계'를 고치려고 할 때 발생하는 심각한 문제가 있다. 우리가 환경 시계가 고장났다는 사실을 어떻게 확인하냐는 것이다.

'큰뇌조'라고도 불리는 웨스턴캐퍼케일리를 예로 이 문제를 살펴보려고 한다. 닭, 칠면조, 메추라기와 함께 닭목에 속하는 웨스턴캐퍼케일리는 성별에 따라 다소 차이가 있긴 하지만 몸무게가 꽤 나가며 아한대 침엽수림에 서식한다. 이 녀석들은 곤충, 특히 빌베리 잎과 열매를 먹고산다.

나는 가족들과 함께 스칸디나비아 북부 라플란드의 숲으로 여행 갔을 때 도처에서 빌베리 덤불을 봤던 기억이 있다. 우리가 피엘Fjäll에서 산맥 지역을 하이킹 할 때면 항상 웨스턴캐퍼케일리가 나타났다. 웨스턴캐퍼케일리는 스칸디나비아 북부 지역에서 흔히 볼 수 있는 동물이긴 하지만 우리는 이 녀석들을 만날 때마다 기분이 들떴다. 닭목에 속하는 조류 사냥이 엄격하게 제한된 중부 유럽과 달리 이 지역에서는 사냥을 해서 요리를 해 먹어도 된다.

웨스턴캐퍼케일리의 서식 공간은 그다지 넓지 않다. 주로 알프스 지방에 장과류 덤불이 많은 천연 침엽수림이 있기 때문이다. 작은 북유럽인 이곳은 산악 지역에 위치하기 때문에 겨울은 길고 날씨는 사납다. 활엽수가 서식하기에는 너무 추운 기후

조건이다. 그런데 웨스턴캐퍼케일리는 수목한계선樹木限界線* 근방에 서식한다. 그래서 개체수 변동이 특히 심하다. 얼마 되지 않던 개체수마저 감소하여 멸종위기에 처한 지역도 있다.

중세 시대에 닭목 조류의 서식 공간은 이보다 훨씬 나았다. 삼림 개간으로 인해 절반가량이 텅 비어 있어서 빌베리 덤불이 많이 서식할 수 있었다. 아직까지도 인공 조림 침엽수림 지역, 특히 소나무숲에 가면 작은 빌베리 덤불을 볼 수 있다. 빌베리 덤불은 나무 그늘에 가려져 열매를 거의 맺지 못하지만 이곳의 옛 환경을 유추할 수 있는 좋은 자료다. 심한 벌목과 간벌은 빌베리 덤불이 서식하기 좋은 환경을 제공한다.

때마침 웨스턴캐퍼케일리가 찾아온 것이다. 이 녀석들의 고향은 원래 이 지역이 아니지만 새끼를 낳으며 살다가 정착하게 되었다. 현대식 산림경영이 시작되면서 항해의 키가 다시 원래 방향으로 돌아왔다. 초지와 경작지에 조림 작업이 시작되면서 벌목으로 인해 헐벗은 숲이 회복되고 숲은 다시 울창해졌다. 음울하고 황량한 침엽수림 자리에 활엽수가 돌아왔다. 숲이 활엽수림으로 빼곡히 채워지면서 빽빽한 소나무 숲일 때보다 눈에 띌 만큼 울창하고 그늘이 많아졌다. 반면 빌베리를 비롯한 덤불류 식물과 개미집을 짓는 불개미들에게는 손해였다. 불개

---

* 수목이 생존할 수 있는 한계선, 건조 기후와 습윤 기후, 한대 기후와 아한대 기후의 경계.

미들은 침엽수 잎으로만 집을 짓는다. 게다가 활동 온도를 맞추려면 따뜻한 태양 광선이 필요하다.

이 지역 토종 식생인 너도밤나무의 르네상스 시대가 열리면서 문화 친근성 동식물*인 웨스턴캐퍼케일리와 빌베리는 아쉽게도 이 지역에서 사라지고 말았다. 이것이 안 좋은 일일까? 아니다. 이 변화 덕분에 이들은 자기 고향으로 돌아갈 수 있게 되었다. 그리고 너도밤나무 숲이 되살아나면서 원래 이 지역의 주인이었던 동식물들이 자신들의 삶의 공간을 되찾았다.

모든 것들은 서서히 조금씩 균형을 맞춰가고 있었다. 충분히 가능한 일이다. 지금은 정부와 민간 자연보호주의자들이 이 작업을 진행하고 있다. 우리는 이미 자연이라는 거대 시계 장치 가운데 있다. 자연의 시계는 정말 망가졌을까? 망가졌다면 빈드시 수리를 해야 할까? 유감스럽게도 이런 질문은 넓은 공간을 대상으로 하지 않을 때는 의미가 없다. 과거에는 활엽수림 지역이었지만 현재는 침엽수림이 60% 이상인 독일 남서부 슈바르츠발트Schwarzwald 지역에서는 웨스턴캐퍼케일리가 특별 보호대상 동물로 지정되었다. 이 지역 개간에 막대한 비용이 투입되었으며 사람들은 빌베리 덤불이 자랄 수 있는 공간을 만들기 위해 일부러 숲을 태우기까지 했다. 반면 어두운 곳에서 서식하는 딱

---

* 자연 경관에 인간이 개입하여 그 혜택을 입는 동식물을 일컫는다.

정벌레와 같은 이 지역 토종 동물은 다른 곳으로 서식지를 이동해야 했다.

웨스턴캐퍼케일리와 같은 닭목 조류이지만 몸집이 더 작은 들꿩도 웨스턴캐퍼케일리와 비슷한 처지다. 건설 프로젝트 지역에서 작업 도중 들꿩의 깃털이라도 발견되면 모든 작업을 중단하고 수색 및 조사 작업에 들어간다. 이 지역에서 들꿩은 거의 자취를 감추어 멸종 직전이기 때문이다.

내 고향 아이펠은 원래 활엽수림만 있었던 지역이다. 바흐홀더하이데 지역에서 정착민들이 땅을 개간하고 대량으로 가축 사육을 하지 않았더라면 들꿩은 절대 이 지역에서 살지 않았을 것이다. 나무가 많지 않고 덤불이 넓게 펼쳐진 비오톱은 스웨덴 북부 숲 지역에서도 찾아볼 수 있는데, 들꿩은 이런 지역에서 편안함을 느낀다. 숲이 회복되면서 바흐홀더하이데에 들어오는 햇빛의 양이 줄어들었다.

하지만 단순하게 이 부분만 생각하면 안 된다. 이것은 여러 관점이 얽혀 있는 문제다. 새에게 도움을 주고 싶은 자연보호주의자들은 비오톱을 형성하는 것에 적극 찬성할 것이다. 이를 위해 더 많은 벌목이 이뤄져야 한다. 그러면 토양에 더 많은 빛이 공급되므로, 덤불 식생과 덤불을 주식으로 하는 동물의 서식 공간이 회복될 것이다.

산림경영은 이 과정이 원활하게 이뤄지도록 지원하는 역

할을 한다. 숲에서 왜생림^{矮生林}을 되살려야 하지 않을까? 왜생림은 수백 년 전 기아 해소를 목적으로 실시된 구식 산림경영의 하나다. 이 시절에는 중요한 건축 자재이자 연료였던 나무가 항상 부족했기 때문에 어린 나무들이 자라기도 전에 벌목하여 사용해야 했다. 20~40년 된 참나무와 너도밤나무는 이미 벌목 대상이다.160~200년이 아니다! 사람들이 나무가 더 자라길 참고 기다릴 시간이 없었기 때문이다. 벌목은 헥타르 단위로 이뤄지며 이내 벌거숭이 숲이 되고 말았다. 그리고 그루터기에서 다시 새싹이 자란다. 수십 년이 지나 이 새싹들에서 자란 나무들은 예전 나무들보다 더 가늘다.

이런 식으로 벌목되는 숲이 상당히 많다. 그래서 위성사진으로 숲을 보면 구멍이 숭숭 뚫린 카펫처럼 보이는 것이다. 구멍이 숭숭 뚫린 빈 공간이 바로 노지다. 들꿩들은 이런 숲을 좋아한다. 이런 공간이 이들에게 또다시 허락될 수 있을지 모르지만 말이다. 바이오 에너지 붐이 일면서 '목재 부족 사태'가 발생하여 지금은 산림 전문가의 판단과 엄격한 법률에 의해 이러한 방식의 벌목은 금지되어 있다. 새로운 방식의 벌목으로 인해 구식 산림경영 방식이 부활하면서 들꿩은 혜택을 입고 있다.[75]

구식 산림경영이 낭만적이고 자연보호에 도움이 된다고 생각하는가? 아니다. 수천 톤 용량의 수확기로 무식하게 숲을 밀어버리는 것은 예나 지금이나 야만적인 방식이다. 이런 식으로는 제대로 된 숲이 만들어질 수 없다. 자신들에게 안락한 공간이 생긴다고 들떠서 들꿩들이 수레 앞에 서 있을까? 정말로 그럴지는 더 많은 사례를 관찰해봐야 알 수 있다. 유감스럽게도 검정딱따구리나 반짝반짝 윤이 나는 갈색거저리처럼 원래 숲속에 살던 동물들에게는 도움이 되지 않는다.

두 번째 살펴볼 사례는 벌목을 통해 확 트인 목초지를 만드는 것이다. 목초지는 수많은 풀과 약초가 서식하는 공간이다. 여름이 되면 땅은 알록달록한 꽃으로 가득하고 하늘 위로는 나비들이 꽃을 따라 날아다닌다. 다채롭고 화려한 자연을 좋아하는 조류들이 많기 때문에 초원에는 각종 조류들이 서식한다. 하지만 목초지에서 농경활동이 활발하게 이뤄질수록 동식물의 다양성은 위협을 받는다.

현재 바이오가스 산업의 원자재 수요가 폭발적으로 증가하면서 옥수수 가격이 급등하고 있다. 자투리 공간까지 옥수수를 재배하면서 단식 농업의 황량한 풍경으로 변했다. 언뜻 보면 순수한 목가적 분위기가 풍기는 듯하지만, 마지막 남은 작은 개울과 강가 목초지까지 옥수수에게 점령당한 사실을 바로 알 수 있다.

목초지 주변 환경은 상태가 좋지 않다. 농업 생산성이 증대되는 것이 아니라 숲과 풀이 대립관계에 놓이게 된다. 초원에

서식하는 동식물을 되살리기 위해 사라져야 할 것은 나무가 아니라 경작지다. 그런데 동식물을 되살리기 위해 대개 아주 평화로운 시각적 이미지를 활용한다. 앞에서 잠시 언급했던 헤크소가 바로 그것이다.

헤크소는 한때 강변의 목초지를 배회하던 야생소의 일종인 오로크스의 생활 방식을 모방하여 사육되고 있다. 물론 재래식으로 헤크소를 사육한다고 해도 지구상에서 이미 멸종한 오로크스를 살려낼 수는 없다. 시각적 유사성을 이용하여 필요한 것을 얻을 뿐이다.

그러니까 일반 집소를 오로크스처럼 꾸민 것이 헤크소라고 보면 된다. 여기에는 한 가지 장점이 있다. 헤크소가 개울의 목초지에서 풀을 뜯게 하면 건강한 환경이라는 시가저 이미지가 물씬 풍긴다. 별다를 것은 없고 시각적 오해를 불러일으키는 농경 방식의 하나일 뿐인데도 말이다. 중부 유럽의 자연 생태계에는 광활한 목초지인 스텝 지대가 없다.

중부 유럽은 한때 원시림이 넓게 펼쳐지다가 간혹 높은 산맥이나 늪지가 보이는 자연환경이었다. 나비를 포함한 알록달록하고 다양한 약초들의 대부분은 문화 친근성 동식물로 여겨졌다. 이러한 문화 친근성 동물들은 인간이 숲을 벌목한 다음, 이 지역에 정착했다고 알려져 있다. 유럽인들은 숲이 사라진 경관을 좋아했는데 아주 단순한 이유에서였다. "생물학적 관점으로 보았을 때 '스텝 지대 동물'인 인간은 벌목으로 메워 만든 넓은 환경에서 편안함을 느낀다고 생각했다.

혹시 앞에서 잠시 다뤘던 거대 초식동물 이론이 기억나는가? 이 이론에 따르면 자연보호와 심미적 측면 사이에 오해가 생겼을 때, 심미적 측면에 유리하게 시계추가 기울게 되어 있다. 우리가 자연을 그냥 내버려두면 하천의 좌우에 수변림水邊林*이 생길 것이다. 수변림 주변에는 형형색색의 약초나 나비의 모습은 보이지 않지만 이 지역 환경에 중요한 수천 종의 다른 동식물이 서식하고 있다.

꽃등엣과를 생각해보자. 얼마 전만 해도 아무도 꽃등에라는 존재를 몰랐다. 헤크소들이 싹이 트는 나무를 없애면서 습한 나무 지대 대신 목초 지대를 만들어냈다면, 꽃등엣과 곤충들은 우리가 자신들을 그리워하는지도 모르는 채 사라졌을 것이다. 우리는 자연의 시계가 아직 정상적으로 작동하지 않는다는 사실을 안다. 이런 상태라면 이 시계를 고칠 시도를 하지 말아야 한다.

이 자리에서 내가 한 가지 확실하게 밝혀두고 싶은 부분이 있다. 들꿩이나 웨스턴캐퍼케일리와 같은 문화 친근성 동물의 경우라고 해도, 인간이 개별 동식물에게 별도의 조치를 취하

---

* 강이나 시내 근처의 지역으로 물의 존재에 크게 영향을 받는 식생들이 서식하는 곳.

는 것을 무조건 반대하는 것은 아니다. 중부 유럽 토종이 아니라 외래종이지만 멸종위기에 처한 종이라면 토종 생태계에 부분적으로 혼란을 초래할 수 있다고 해도 별도의 개입이 필요하다. 하지만 세계적으로 멸종위기에 처한 종이 아니라면 인간이 복잡한 생태계에 일일이 개입하는 행위를 금지해야 한다.

붉은솔개는 별도의 조치가 허용되는 대상이다. 수리목에 속하는 붉은솔개는 날개 넓이가 최대 180cm에 달하여 웅장한 날갯짓은 그야말로 장관이다. 원래 중부 유럽에서는 거의 볼 수 없었던 붉은솔개는 문화 친근성 동물의 최대 수혜자로 여겨진다. 붉은솔개들이 먹잇감인 작은 포유동물, 조류, 곤충을 찾기 위해 공중활주를 하려면 확 트인 공간이 있어야 한다. 이 경우에는 붉은솔개가 자유롭게 날아다닐 수 있도록 개간을 하는 것이 옳다. 그래서 사람들은 붉은솔개가 편하게 먹잇감을 사냥할 수 있는 스텝 환경을 만들어주었다.

매년 여름 목초지 위로 붉은솔개가 날아다닌다. 이 모습을 관찰하면 붉은솔개의 적응력이 어느 정도인지 확인할 수 있다. 농부가 트랙터로 풀을 베기 무섭게 붉은솔개들이 날아온다. 붉은솔개들은 트랙터가 지나가는 길을 쫓아다니면서 종종걸음 치는 쥐나 노루의 새끼를 찾는다. 붉은솔개의 전 세계 개체수는 약 2만 5,000~3만 마리인데 이중 상당수가 독일의 숲에서 서식하고 있다. 반면 다른 국가의 붉은솔개 개체수는 급감하고 있다. 독일에서 토종 식생, 원시림만 고집한다면 조류의 대부분은 독일을 떠날 것이다. 조류 중에는 독일의 환경에 잘 정착하여 독일을 제2의 고향으로 삼은 종이 많다. 이들은 멸종될 가능성이 비교적 낮기 때문에 이 추세가 유지되려면 더 세심한 보호와 관리가 필요하다. 특히 소규모 목초지와 경작지 보호를 비롯하여 산림경영 범위 내에서 둥지가 있는 나무와 보호 반경을 지정하면 성공적인 보호 관리를 할 수 있다.

　지금 우리는 자연에 인간이 의식적으로 개입하는 행위를 다루고 있다. 그런데 우리가 무의식적으로 개입하는 경우도 많다. 나는 '노지 환경'으로 주제를 좁혀 이야기를 나눠보려고 한다. 대부분의 경작지에서 토종 식물나무을 제치고 곡식, 감자, 채소가 재배되고 있다. 이들의 공통점은 토종이 아니라는 것이다. 심지어 우리는 숲의 남은 공간마저 구획으로 나누어 외래종을 재배하고 있다. 자연보호구역만큼은 외래종을 도입하여 재배하지 말고 자연에 모든 걸 맡겨야 하지 않을까?

　이것을 당연하다고 여긴다면 자연보호구역이나 국립공원 소개 책자를 한번 살펴보길 바란다. 책자의 내용은 대개 풀 깎는 기계, 동력톱, 대형 장비를 투입해야 하는 자연보호 및 개발 계획들로 넘쳐난다. 시각적으로나 생태학적으로나 숲속에 서식하는 토종 동식물을 보호하겠다는 의지는 느껴지지 않는다. 지금까지 보아왔듯이 인간이 개입하여 자연을 회복시키려는 노력은 수포로 돌아갔다. 수백만 년 동안 인간이 손대지 않아도 자연은 잘 돌아갔다. 대체 사람들은 왜 오랫동안 지속되어온 자연의 메커니즘을 신뢰하지 못하는 것일까?

세계 곳곳에서 숲이 파괴되고 있다는 절망적인 소식이 들려오는 가운데서도 조금씩 희망이 엿보인다. 숲을 보호하고 새로 나무를 심으려는 사람들도 점점 더 많아지고 있다. 여기서 궁금증이 하나 생긴다. 이렇게 하면 복잡하고 다양한 생태계를 되살릴 수 있을까? 브라질 열대우림을 보면 희망이 보인다. 브라질 열대우림은 인간의 문명이 유입되면서 많은 변화가 일어났던 지역이다. 하지만 이 지역의 토양은 원시 시대 이후 거의 변화가 없었다. 지금으로부터 260만 년 전까지의 기간을 지구 지질 시대 제3기라고 하는데, 이 시대 이후 산맥이 거의 형성되지 않은 지역도 있다. 침식 작용이나 암석의 풍화 작용으로 새롭게 형성된 토양이 거의 없다. 이 지역의 토양은 아주 깊은 층, 대략 30m 깊이까지 매우 안정적이다.

내 관할 구역의 경우 토양의 깊이가 기껏해야 60cm 정도다. 지하로 내려가면 자갈밖에 없고 지층의 윗부분에도 돌이 많다. 반면 아마존과 같은 열대 지역 토양은 암석과 자갈이 고운 입자 상태로 있다. 영양분이 풍부할 것 같은 느낌이 들지 않는가?

사실은 정반대다. 이 지역 토양에는 수십만 년이 넘는 세월 동안 빗물이 흘러 들어왔다. 하지만 대부분의 영양분은 빗물과 섞여 식물의 뿌리가 닿을 수 없는 깊은 곳으로 씻겨 내려갔다. 이 위도 지역, 즉 열대우림 지대 식물의 종이 다양하고 숲의 성장속도가 빠른 것처럼 보이지만 실상은 다르다. 종의 다양성과 숲의 성장은 생태계에 영양물질이 보존되어 있을 때만 가능하다.

곤충, 균류, 박테리아 무리가 죽은 바이오매스에서 영양분을 섭취하고 소화하는 과정이 끊임없이 반복됨으로써 생태계의 순환이 이루어져야 한다. 부패한 나무줄기를 곤충이 갉아먹은 후 배설물을 배출하면, 이 배설물이 흙과 혼합되어 부식토가 된다. 부식토에 저장되어 있는 미네랄이 나무의 뿌리로 흡수된 다음 이것이 다시 살아 있는 바이오매스 속으로 들어간다.

벌목을 하면 이러한 순환이 깨진다. 예를 들어 화전 농업을 하면 재를 많이 발생한다. 숲을 태워서 생긴 재는 일종의 농축된 영양분이다. 그런데 무분별하게 벌목을 하면 이 영양분이 토양에 흡수되지 않고 하천으로 씻겨 내려간다.

따라서 화전 농업은 단기적으로만 숲에 이득이다. 짚불을 태워서 생긴 재가 거름이 되어 사라지기 전까지만 숲에 도움이 된다. 숲을 태우고 난 뒤 토양에는 영양분이 거의 남아 있지 않다. 이러한 토양에 나무를 심어봤자 잘 자라지 않기 때문에 나무를 살리려면 피나는 노력을 해야 한다. 원래 이곳에 서식하던 균류, 곤충, 척추동물이 모두 숲으로 돌아와야 수백만 종의 다양한 동식물이 서식하는 열대우림 환경이 탄생할 수 있다. 이렇게 특별한 조건이 갖춰져야 숲은 원상태로 복귀될 수 있다. 불가능에 가까운 이야기처럼 들리지 않는가?

다시 원점으로 돌아가 벌목에 대해 이야기해보자. 지금 숲은 사라지고 토양은 척박해질 대로 척박해져 있다. 토양의 영양분이 지하 깊은 곳으로 사라지거나 빗물에 씻겨 내려가버렸다. 이런 상황에서 우리는 다시 희망을 가질 수 있을까? 순수한 자연의 메커니즘을 통해 영양분을 지하에서 다시 끌어올리거나 저 먼 바다에서 되찾아올 수 있는 방법은 없다. 그럼에도 희망이 전혀 없는 건 아니다. 철저히 혹사당한 땅에서 황무지만 나오리라는 법은 없다.

사하라 사막은 미네랄 성분의 순환에 도움을 준다. 사하라 사막에는 모래 폭풍이 불기 때문에 엄청난 양의 미세한 흙 입자들이 소용돌이치고 있다. 많은 양의 흙 입자들의 대부분은 아프리카에서 남아메리카로 이동한다. 정기적으로 폭우가 쏟아져 흙먼지가 빗물에 씻겨 내려가고 흙먼지의 미네랄 성분이 다시 흙에 흡수되어 거름이 된다. 이렇게 쌓인 미네랄 양은 1년에 3,000만t이다. 그중 2만 2,000t은 강력 식물 비료로 사용되는 인 성분이다.

미국 메릴랜드대학교 지구시스템과학 학제 간 연구소ESSIC: Earth System Science Interdisciplinary Center 학자들은 최대한 정확한 흙먼지 양을 측정하기 위해 7년 동안 위성사진을 연구 분석했다.[76] 이 기간 동안 연구결과들 사이의 편차는 컸다. 하지만 공기를 통해 이동하는 영양분과 빗물을 통해 씻겨 내려간 영양분의 양이 거의 일치했다.

물론 이것은 훼손되지 않은 숲에만 해당되는 연구결과다. 벌목한 숲은 미네랄 손실률이 현저히 높았다. 악순환이 다시 시작되는 듯한 기분이다. 지금 숲의 상황이 이렇게도 절망적이란 말인가? 아니다. 아마존 지역 벌목 현장을 보면 알 수 있지 않은가! 아마존 지역의 원시림을 벌목하던 중 거대한 면적의 거주지가 발굴되었다. 과거 원주민들의 주거 지역이었다!

상파울루대학교 제니퍼 워틀링Jennifer Watling 연구팀은 2016년 브라질 아크리Arce주에서 450개의 지상화地上畵*를 찾았다. 무덤과 제방에서 발견한 지상화에 다양한 지리적 패턴과 토양의 변화가 나타나 있었다. 면적이 1만 3,000km²에 달하는 주거 시설은 원시림을 벌목하지 않고서는 존재할 수 없었을 것으로 추정된다. 아마 원주민들은 아주 조심스럽게 벌목을 했던 듯하다.

연구팀은 이 지역에서 대규모 벌목이 이뤄졌는지 확인하지

---

* 지오글리프geoglyph라고도 하며, 땅에 사람의 손으로 그려진 거대한 그림을 말한다.

는 못했으나, 수천 년 이상 산림을 관리해온 흔적은 남아 있었다. 여기서 잠깐! 수천 년 전에 벌목된 면적을 대체 어떻게 확인할까?

물론 방법이 있다. 과거 벌목의 흔적을 찾을 때는 규산 입자를 사용한다. 식물석Phytolith*이라고도 불리는 이 작은 돌멩이 혹은 크리스털은 식물의 종류에 따라 조금씩 다르다. 그런데 이것보다 더 중요한 사실이 하나 있다. 쉽게 부패하는 유기물과 달리 식물석은 원래의 상태 그대로 보존된다. 이 식물석의 발생 빈도를 이용하여 연구팀은 식생의 조성물 이미지를 재구성할 수 있었다.

제니퍼 워틀링 연구팀은 이 지역에서 인디언들이 숲을 변화시키고 4,000년 후 전형적인 노지 식물인 풀이 20% 이상 자라지 않았다는 사실을 확인했다. 그러나 나무의 조성물에는 엄청나게 큰 변화가 있었다. 건축물 주변에 나무의 주 영양원이자 영양분을 제공하는 수단인 야자수가 급격히 증가했던 것이다. 주거지로 사용하지 않은 지 600년이 지난 지금도 지상화 근처에는 야자수가 특히 많다.

이 연구결과를 보면 희망이 보인다. 첫째, 농업과 임업의 혼합 형태인 혼농임업混農林業이 아주 오랫동안 환경을 훼손하지

---

* 식물의 조직, 특히 풀의 조직에 들어 있는 규소의 수화물형의 광물질 입자.

않고 잘 이뤄져왔다는 사실이다. 그 옛날에 가능했다면 지금도 가능성이 있다. 인간이 개입해도 숲을 보존할 수 있는 방법을 알려준 셈이다.

둘째, 600년 후 숲이 회복되었다. 그런데 학자들은 이렇게 되려면 인간의 손길이 전혀 닿지 않은 원시림인 상태에서만 가능한 일이라고 보고 있다. 우리는 숲의 생태계를 지금까지보다 더 신뢰해야 한다. 이제 숲의 회복과 관련하여 '돌이킬 수 없는'이라는 단어는 사용하지 말아야 한다.

셋째, 정말로 관심 있게 살펴봐야 할 주제는 기후다. 인디언들은 거대한 면적의 산림경영 시스템을 갖추고 있었다. 이 시스템이 사라지자 그만큼의 숲이 다시 회복되었다. 소규모 농경지에서는 나무가 빨리 자란다. 이 방식을 적용하여 울창한 숲을 만들었고 나무줄기는 튼튼해졌으며 많은 양의 탄소가 축적되었다. 연구팀은 한 번에 많은 양의 탄소를 생성시키는 것이 충분히 가능하다고 한다. 이를테면 소빙하기에 지구가 얼어붙었을 때도 이만큼의 탄소가 생성되었다. 앞에서 설명했듯이 화산 폭발을 통해서도 가능하다.[77] 15세기부터 19세기까지 지구의 온도는 떨어진 상태였다. 이로 인해 흉작과 기근이 이어졌다. 여름에는 춥고 비가 많이 내렸으며 겨울은 길고 혹한기가 이어졌다. 아마존 열대우림이 회복되면서 일어난 현상일까?

물론 아무도 기근이 다시 오길 바라지 않는다. 현재 혹한보다는 지구 온난화가 더 심각한 문제다. 앞으로 원시림이 회복될 뿐만 아니라 정상적인 기후로 되돌아올 것이라는 긍정적인 소식도 들린다. 이렇게 되려면 한 번에 모든 걸 해결하려 해서는 안 된다. 되도록 넓은 면적을 사람이 손대지 않고 그냥 내버려 두어야 한다.

맺음말

자연의 세계를 바라보고 느끼는 법에 대하여

나는 해설하는 것을 좋아한다. 우쿨렐레를 연주하는 것도 좋아하지만 연주 실력은 아직까지 별로 늘지 않았다. 하지만 다행히도 내 해설 실력은 그동안 조금 나아졌다. 아무래도 청중의 반응이 도움이 되었을 것이다. 물론 이 책을 읽고 있는 독자들의 반응도 여기에 포함될 것이다.

나는 아직도 1998년 처음 출연했던 텔레비전 방송이 기억난다. 내가 출연 제의를 받은 프로그램은 서바이벌 게임이었다. 미션은 출연자 전원이 침낭, 커피 잔, 나이프만 가지고 숲에 들어가 일주일을 버티는 것이었다. 그 이후 텔레비전과 신문에서는 재밌는 기삿거리를 찾은 것 같았다. 그 기사 제목은 '벌레 먹는 산림관'이었다. 이후 쥐드베스트풍크 Südwestfunk 방송국 카메라 팀이 야생 서바이벌 그룹을 인터뷰하고 싶다며 내 관할 구역까지 찾아왔다. 인터뷰 대상에 나도 포함되어 있었다.

나는 소신껏 인터뷰를 했다. 그리고 어깨에 약간 힘이 들어간 상태로 산림관 관사에서 가족들과 함께 지역 소식 프로그램 〈란데스샤우-Landesschau〉에서 방송되는 내 출연 장면을 시청했다. 나는 내심 가족들이 인터뷰를 아주 잘했다고 칭찬해줄 것이라 기대했다. 그런데 칭찬은커녕 온 가족이 합세해서 말을 버벅댄다며 놀리는 것이었다. 우리 애들은 내가 한 문장에서 몇 번이나 버벅대는지 세는 것에 재미라도 붙였는지, 거의 1초 간격으로 "아빠! 또 버벅대셨어요!"라고 신나서 소리를 질러댔다. 가족들이 그 말을 할 때마다 나는 기가 죽었고 나중에는 기분이 상해버렸다. 그다음 인터뷰에서는 버벅대지 않고 말하려고 얼마나 애썼는지 모른다. 이렇게 노력하다 보니 조금씩 칭찬도 듣게 되었다.

나는 생태학적 숲 경영과 같은 주제에 관한 해설을 많이 해봤기 때문에 나름 강연을 잘한다고 생각했었다. 하지만 지금 생각해보면 그때도 상황은 별반 다르지 않았다. 내 표현에 부족한 부분이 있어도 아무도 이 부분을 고쳐주지 않았다. 문의사항은 항상 많았다. 내가 전문용어를 너무 많이 사용했고, 내 설명이 너무 객관적이고 딱딱하다는 걸 그때 깨달았다.

그때까지만 해도 내 관심은 '경이로운 생태계, 위험에 빠지다!'와 같은 주제에 쏠려 있었다. 물론 내가 강연을 시작하자마자 청중들의 눈꺼풀은 저절로 내려갔다. 그만큼 내 설명이 지루하다는 의미였다. 내 강연을 들은 사람들의 반응을 이해했지만 속상하기는 했다. 몇 년이 흐르고 경력이 쌓이면서 나는 감정을 담아 강연을 하기 시작했다. 나의 내면에 있는 것 그 이상의 감정으로 말이다. 이것에 대해 사람들은 내가 마음을 열고 머릿속 지식이 아닌 감정으로 설명했다고 할지 모른다.

언젠가부터 숲 해설이 끝나면 참가자들은 내가 설명한 내용들을 글로도 읽을 수 있겠느냐고 항상 물어왔다. 그때마다 나는 어깨를 으쓱하며 민망한 마음을 간접적으로 표현했다. 아내는 숲 해설 내용을 몇 페이지가량의 글로 정리하여 관심 있는 사람들에게 나눠주면 어떻겠느냐고 권유하기 시작했다. 당시 난 글을 쓰는 것에 대해서는 전혀 관심이 없었다. 그러던 중 지인 한 명이 내 숲 해설 프로그램을 따라다니며 녹음하여 책으로 만들고 싶다고 관심을 표해왔다. 그때까지만 해도 글을 쓰는 것이 썩 내키지 않았지만, 나는 스웨덴 라플란드 지역으로 휴가를 갈 때 블록과 연필을 캠핑카에 넣어가지고 갔다. 숲 해설을 하며 설명한 것들을 종이에 옮기기 시작했다.

처음에는 연말까지 내 원고에 관심을 보이는 출판사가 없다면 글쓰기는 아예 접을 생각이었다. 뜻밖의 일이 일어날 줄 그때는 정말 몰랐다. 지금은 문을 닫았지만 아다티아라는 작은 출판사에서 내 첫 책 『산림감독관이 없는 숲 Wald ohne Hüter』을 출판한 것이다. 그 책에 내가 하고 싶은 모든 얘기를 담았다고 생각했다.

그런데 이후로 나는 계속 숲에 관한 글을 썼고 글 쓰는 일에 차츰 재미를 붙이게 됐다.

아쉽게도 내가 숲을 다루는 방식에 다른 산림관과의 전문적인 논의는 들어가지 않았다. 중재자의 관점에서는 비판적인 주제를 공개석상에서 논의하지 않는 것이 합리적이라는 걸 나중에 알게 되었다. 『나무의 비밀스러운 사생활』은 출간 이후 나중에 전문가와 산림업계 종사자들로부터 맹비난을 받았다. 독자층이 많아지는 만큼 심리적 부담감도 커졌다. 일반 독자들은 그렇다면 대형 장비가 숲에 왜 필요하냐고 질문을 해온다.

비판자들의 대부분은 산림업계 종사자들이다. 이들은 내가 다루는 주제가 아니라 다른 부분을 지적한다. 내 문체가 너무 감정적이고, 나무와 동물을 의인화하는 것은 학문적으로 잘못되었다는 것이다.

감정을 배제한 언어가 과연 인간적일 수 있을까? 우리는 너무 많은 부분에 감정을 자제하고 있는 건 아닐까? 자연을 다룬 글에서 모든 것을 생화학적 과정의 하나로 설명하고 과학적 분석만 중시한다면 동물과 식물은 유전자 정보가 프로그래밍된 바이오로봇처럼 느껴지지 않을까?

동물과 식물도 우리 인간처럼 고유한 감각을 갖고 있으며 활동이 가능하다. 그렇다면 동식물의 세계도 우리 안에서 일어나고 우리 삶을 충만하게 해주는 다른 것들처럼 생동감 있게 표현해야 하지 않을까? 나는 자연의 세계와 그곳에서 느낄 수 있는 모든 감각을 쉽게 이해하고 느끼길 바라는 마음에서 객관적인 사실에 감정을 담아 자연을 이야기한다. 우리 주변에 존재하는 모든 생명체와 이들의 비밀을 아는 기쁨을 함께 나누고 싶기 때문이다.

감사의 말

자연의 네트워크는 너무 다양하고 방대하여 이 모든 내용을 한 권의 책에 담아내기에는 역부족이다. 그래서 나는 인상적인 사례들을 골라서 각 사례들 간 연결고리를 찾고, 전체를 풀어나가는 서술 방식을 택했다. 이 과정에서 사랑하는 아내 미리암이 큰 도움이 되어주었다. 미리암은 내 원고를 읽고 어색한 문맥을 지적해주었다. 미리암의 조언은 내 글쓰기 실력을 나아지게 하는 데 큰 도움이 되었다.

사랑하는 딸 카리나와 아들 토비아스는 나에게는 항상 발상의 원천이었다. 아이들은 아침식사 자리나 텔레비전을 시청하면서 새로운 관점의 이야기를 해주었고, 그것이 나의 부족한 부분을 보완해주었다.

휨멜 숲 아카데미의 동료 리드비나 하마허와 케르스틴 만헬러는 언제나 나의 든든한 지원군이었다. 아카데미를 개원한 지 얼마 안 되었기 때문에 우리는 시간적 압박에 시달렸고, 나는 원고 작업을 병행하고 있었다. 내가 급하게 원고를 보내야 할 때면 두 사람은 언제나 너그러운 마음으로 내 사정을 이해하고 내 업무까지도 기꺼이 맡아주었다.

숲에 대한 내 생각은 내 관할 구역에 방문한 사람들을 위한 것만이 아니다. 출판사 측에서 이것이 모두에게 전해져야 하는 메시지임을 믿어주었기에 이 책이 탄생할 수 있었다. 담당 에이전트 라르스 슐체 코삭은 작업의 처음부터 끝까지 물심양면으로 나를 지원해주었다.

루드비히 출판사의 하이케 플라우트는 내가 친근하고 쉽게 이해할 수 있는 글을 쓸 수 있도록 도와주었다. 여러가지 주제를 동시에 쓰는 나의 번거로운 글쓰기 방식에도 불구하고 내 원고를 세련된 글로 만들어준 편집자 안겔리카 리케에게 감사 인사를 전한다. 언론에서 수많은 문의사항이 쏟아졌으나 홍보 담당자 베아트리체 브라겐-귈케는 내가 작업에 전념할 수 있도록 중간에서 잘 중재해주었다.

수많은 사람들의 노력이 모여 이 책 한 권이 탄생했다. 그들의 이름을 일일이 열거하지 못한 점에 대해 양해를 구한다. 모든 사람들이 최선을 다해주었기에 이 책이 여러분의 손에 쥐어질 수 있었다. 수많은 책 가운데 이 책을 선택해준 독자들, 자연을 통해 나와 같은 길을 걷고 있는 모든 사람들에게 진심으로 감사 인사를 전하고 싶다.

주

1. http://www.yellowstonepark.com/how-many-wolves-yellowstone/,abgerufen am 24.01.2017

2. Ripple, William J. et al.: Trophic cascades from wolves to grizzly bears in Yellowstone, in: Journal of Animal Ecology, British Ecological Society, 2013, doi: 10.1111/1365-2656.12123

3. Der Lubtheener Wolf wurde gezielt erschossen. Pressemitteilung der Umweltorganisation NABU vom 21.12.2016, https://www.nabu.de/news/2016/12/21719.html, abgerufen am 24.01.2017

4. Holzapfel, M. et al.: Die Nahrungsokologie des Wolfes in Deutschland von 2001 bis 2012, http://www.wolfsregion-lausitz.de/index. php/nahrungszusammensetzung, abgerufen am 05.10.2016

5. Aussage von Olaf Tschimpke, Prasident von NABU, in der TV-Sendung 'Hart aber fair'vom 23.01.2017, ARD

6. Middleton, A. D. et al.: Grizzly bear predation links the loss of native trout to the demography of migratory elk in Yellowstone, in: Proceedings of the Royal Society B, biological sciences, published 15 May 2013, doi: 10.1098/rspb.2013.0870

7. Gende, S. und Quinn, T.: Baren als Umweltschutzer, in: Spektrum der Wissenschaft, Ausgabe Dezember 2006, S. 60?65

8. Robbins, J.: Why Trees Matter, in: The New York Times, Ausgabe vom 11. April 2012, http://www.nytimes.com/2012/04/12/opinion/why-trees-matter.html, abgerufen am 31.01.2017

9. Reimchen, T. und Hocking, M.: Salmon-derived nitrogen in terrestrial invertebrates from

coniferous forests of the Pacific Northwest, in: BMC Ecology 2002, S. 2?4

10. Wolter, C.: Nicht mehr als dreimal in der Woche Lachs, in: Nationalpark-Jahrbuch Unteres Odertal (4), S. 118?126

11. Quatsch angefangen, in: Der Spiegel, Ausgabe 38/1988, S. 39 und 44

12. http://www.arge-ahr.de/tag/kormoran/, abgerufen am 28.01.2017

13. http://www.uniterra.de/rutherford/ele007.htm, abgerufen am 29.01.2017

14. Oita, A. et al.: Substantial nitrogen pollution embedded in international trade, in:Nature Geoscience 9, 111?115 (2016), doi:10.1038/ngeo2635

15. Gende, S. und Quinn, T.: Baren als Umweltschutzer, in: Spektrum der Wissenschaft, Ausgabe Dezember 2006, S. 60?65

16. http://www.spiegel.de/wissenschaft/natur/mikroben-ursprung-deslebens-kilometer-unter-erde-moeglich-a-938358-druck.html,abgerufen am 01.02.2017

17. Grundwasser in Deutschland, Reihe Umweltpolitik, S. 7,hrsg. vom Bundesministerium fur Umwelt, Naturschutzund Reaktorsicherheit (BMU) Referat Offentlichkeitsarbeit, Berlin, 2008

18. Grundwasser in Deutschland, S. 19, hrsg. vom Bundesministerium fur Umwelt, Naturschutz und Reaktorsicherheit (BMU), Referat Offentlichkeitsarbeit, Berlin, August 2008

19. Sender, R. et al.: Revised estimates for the number of human and bacteria cells in the body, in: PLOS Biology, doi: 10.1371/journal.pbio.1002533, Januar 2016

20. Ohse, B. et al.: Salivary cues: simulated roe deer browsing induces systemic changes in phytohormones and defence chemistry in wild-grown maple and beech saplings. Functional Ecology, doi:10.1111/1365-2435.12717, online erschienen am 8. 8. 2016.

21. http://www.zeit.de/2008/13/Stimmts-Ameisen-und-Menschen, abgerufenam 31.01.2017

22. Jirikowski, W. (2010): Wichtige Helfer im Wald: hugelbauende Ameisen. Der Fortschrittliche Landwirt, Graz, (14): S. 105?107

23. Oliver, T. et al.: Ant semiochemicals limit apterous aphid dispersal,in: Proceedings of the Royal Society B, Vol. 274, Issue 1629, S. 3127?3132, London, 22.12.2007

24. Mahdi, T. and Whittaker, J. B.: ʻDo Birch Trees (Betula Pendula) Grow Better If Foraged by Wood Ants?ʼJournal of Animal Ecology 62, Nr. 1 (1993), S. 101?116

25. Whittaker, J. B.: Effects of ants on temperate woodland trees, in: Antplant interactions (ed. C. R. Huxley & D. F. Cutler), S. 67?79. New York, NY: Oxford University Press, 1991

26. Rosner, H.: The Bug That's Eating the Woods, in: National Geographic, April 2015, http://ngm.nationalgeographic.com/2015/04/pine-beetles/rosner-text, abgerufen am 09.02.2017

27. Gu, X. und Krawczynski, R.: Tote Weidetiere ? staatlich verhinderte Forderung der Biodiversitat, in: Artenschutzreport, Nr. 28/2012, S. 60?64

28. Gu, X. und Krawczynski, R.: Tote Weidetiere ? staatlich verhinderte Forderung der Biodiversitat, in: Artenschutzreport, Nr. 28/2012, S. 60?64

29. http://www.spektrum.de/news/die-rueckkehr-des-knochenfressers/1046860, abgerufen am 14.11.2016

30. http://www.club300.de/alerts/index2.php?id=203, abgerufen am 03.02.2017

31. Westerhaus, C.: Weibchen lassen Mannchen wahrend der Brutpflege abblitzen, in: Deutschlandfunk, Sendung vom 23.03.2016, http://www.deutschlandfunk. de/totengraeber-kaefer-weibchen-lassenmaennchen-waehrend-der.676. de.html?dram:article_id=349257, abgerufen am 17.11.2016

32. http://herr-kalt.de/unterricht/2013-2014/bio9a/sinnesorgane/themen/echoortung/start, abgerufen am 19.01.2017

33. Moir, Hannah M. et al.: Extremely high frequency sensitivity in a ?simple? ear, in: Biology Letters, Vol. 9, Issue 4, 23.08.2013, doi: 10.1090/rsbl.2013.024

34. http://www.laternentanz.eu/Content/Informations/Living.aspx, abgerufen am 19.01.2017

35. Meritt, D. J. and Aotani, S.: Circadian regulation of bioluminescence in the prey-luring glowworm, Arachnocampa flava, in. J Biol Rhythms. August 2008, 23(4), S. 319?29, doi: 10.1177/0748730408320263

36. Wertz, D.: Lumineszenz, S. 12, Diplomica Verlag, 2000

37. Eisner, T. et al.: Firefly 'femmes fatales' acquire defensive steroids(lucibufagins) from their firefly prey, PNAS, 2. 9. 1997, Vol. 94, No. 18, S. 9723?9728

38. http://www.deutschlandfunk.de/globales-kommunikationsnetzbei-zugvoegeln-die.676. de.html?dram:article_id=321788, abgerufen am 07.02.2017

39. http://www.bbc.com/news/magazine-31604026, abgerufen am 06.01.2017

40. Arnold, W. (2002): Der verborgene Winterschlaf des Rotwildes, in: Der Anblick, 2, S. 28?33

41. http://www.blick-aktuell.de/Bad-Neuenahr/Hohe-RotwilddichteimKesselinger-Tal-wird-zu-Problem-27341.html, abgerufen am 08.02.2017

42. Dohle, U. (2009): Besser: Wie mastet Deutschland?, in: Okojagd, Februar, S.14?15

43. http://www.uni-goettingen.de/de/bluten-samen-und-fruchte/16692. html,abgerufen am 21.08.2016

44. Hahn, N. (2002): Raumnutzung und Ernahrung von Schwarzwild. LWF aktuell 35, S. 32?34

45. http://www.swr.de/blog/umweltblog/2008/10/18/sauenmast-imwesterwald/,abgerufen am 22.08.2016

46. http://www.regenwurm.ch/de/leistungen.html, abgerufen am 22.08.2016

47. Blome, S. und Beer, M.: Afrikanische Schweinepest, in: Berichte aus der Forschung, FoRep 2/2013, Friedrich-Loffler-Institut, Insel Riems

48. Bundesamt fur Naturschutz (BfN): Artenschutz-Report 2015, Tiere und Pflanzen in Deutschland, S. 12, Bonn, Mai 2015

49. Der Wald in Deutschland, ausgewahlte Ergebnisse der dritten Bundeswaldinventur, S. 16, Bundesministerium fur Ernahrung und Landwirtschaft (BMEL), Berlin, April 2016

50. Neue Tierart entdeckt, in: Pressemitteilung des Helmholtz-Zentrums fur Umweltforschung UFZ vom 30.03.2005

51. Dressaire, E. et al: Mushroom spore dispersal by convectively-driven winds, Cornell University Library, 23.12.2015, arXiv:1512.07611v1 [physics.bio-ph]

52. Pietschmann, C.: Pilzgespinst im Wurzelwerk, Max-Planck-Institut fur molekulare Pflanzenphysiologie, 21.12.2011, http://www.mpimp-golm.mpg.de/5630/news_publication_4741538, abgerufen am 15.02.2017

53. Moller, G.: Struktur- und Substratbindung holzbewohnender Insekten, Schwerpunkt Coleoptera-Kafer, S. 6, Dissertation zur Erlangung des akademischen Grades des Doktors der Naturwissenschaften(Dr. rer. nat.), eingereicht im Fachbereich Biologie, Chemie, Pharmazie der Freien Universitat Berlin, Marz 2009

54. Moller, G.: Struktur- und Substratbindung holzbewohnender Insekten, Schwerpunkt Coleoptera-Kafer, S. 35/36, Dissertation zur Erlangung des akademischen Grades des Doktors der Naturwissenschaften(Dr. rer. nat.), eingereicht im Fachbereich Biologie, Chemie, Pharmazie der Freien Universitat Berlin, Marz 2009

55. Naudts, K. et al.: Europe's forest management did not mitigate climate warming, in: Science, 5. 2. 2016, Vol. 351, Issue 6273, S. 597?600, doi: 10.1126/science.aad7270

56. Kirkby, J. et al.: Ion-induced nucleation of pure biogenic particles, in: Nature 533, 521–526 (26. 5. 2016), doi:10.1038/nature17953

57. Wengenmayr, R.: Staub, an dem Wolken wachsen, in: Mitteilung der Max-Planck-Gesellschaft vom 22.02.2016, Max-Planck-Institut für Chemie, Mainz

58. Dobbertin, M. und Giuggioloa, A.: Baumwachstum und erhöhte Temperaturen, in: Forum für Wissen 2006, S. 35–45

59. http://www.waldwissen.net/wald/klima/wandel_co2/bfw_schrumpfen_baumstamm/index_DE, abgerufen am 15.02.2017

60. Miller, G. H. et al. (2012): Abrupt onset of the Little Ice Age triggered by volcanism and sustained by sea-ice/ocean feedbacks, Geophysical Research Letters 39, doi:10.1029/2011GL050168

61. Kraus, D., Krumm, F., Held, A. (2013): Feuer als Störfaktor in Wäldern. FVA-einblick 3/2013, S. 21–23., oder http://www.waldwissen.net/waldwirtschaft/schaden/brand/fva_waldbrand_artenvielfalt/index_DE, abgerufen am 15.10.2016

62. Berna, F. et al.: Microstratigraphic evidence of in situ fire in the Acheulean strata of Wonderwerk Cave, Northern Cape province, South Africa, in: PNAS, E1215–E1220, 2. 4. 2012

63. Bethge, P.: Ich koche, also bin ich, in: Der Spiegel, Ausgabe 52/2007, S. 126–129

64. Wälder in Flammen, S. 33, hrsg. vom WWF Deutschland, Berlin, Juli 2011

65. Tagungsband Großtiere als Landschaftsgestalter – Wunsch oder Wirklichkeit? LWF-Bericht Nr. 27, S.3–5, Freising, August 2000

66. http://www.bund.net/themen_und_projekte/rettungsnetz_wildkatze/,abgerufen am 04.08.2016

67. Moore, J. R., M. S. Thorne, K. D. Koper, J. R. Wood, K. Goddard, R. Burlacu, S. Doyle, E. Stanfield and B. White (2016),Anthropogenic sources stimulate resonance of a natural rock bridge, Geophys. Res. Lett., 43, 9669–9676, doi:10.1002/2016GL070088

68. Laut Angaben der Welthungerhilfe, http://www.welthungerhilfe.de/fileadmin/user_upload/Themen/Hunger/Hunger_Factsheet_5_2015.pdf, abgerufen am 06.02.2017

69. Wilhelm, K.: HIV/Aids – ein Überblick, Berlin-Institut für Bevölkerung und Entwicklung, Oktober 2007, http://www.berlin-institut.org/online-handbuchdemografie/bevoelkerungsdynamik/faktoren/hivaids-ein-ueberblick.html, abgerufen am 06.02.2017

70. Ramirez Rozzi, F. et al.: Cutmarked human remains bearing Neandertal features and modern human remains associated with the Aurignacian at Les Rois, in: Journal of Anthropological Sciences Vol. 87 (2009), S. 153–185

71. Simonti, C. et al.: The phenotypic legacy of admixture between modern humans and

Neandertals, in: Science, 12. 2. 2016: Vol. 351, Issue 6274, S. 737–741, doi: 10.1126/science.aad2149

72. Simonti, C. et al.: The phenotypic legacy of admixture between modern humans and Neandertals, in: Science 12 Feb. 2016: Vol. 351, Issue 6274, S. 737–741, doi: 10.1126/science.aad2149

73. Kuhlwilm, M. et al.: Ancient gene flow from early modern humans into Eastern Neanderthals, in: Nature 530, S. 429–433,25. 2. 2016, doi:10.1038/nature16544

74. Arora, G. et al.: Did natural selection for increased cognitive ability in humans lead to an elevated risk of cancer?, in: medical hypotheses, Vol. 73, Issue 3, S. 453–456, September 2009

75. Beispiel der Darstellung der Niederwaldwirtschaft in der Werbung einer staatlichen Forstverwaltung: http://www.wald-rlp.de/de/forstamt-rheinhessen/der-wald-in-unserem-forstamt/niederwaldprojekt.html, abgerufen am 22.02.2017

76. Yu, H. et al.: (2015), The fertilizing role of African dust in the Amazon rainforest: A first multiyear assessment based on data from Cloud-Aerosol Lidar and Infrared Pathfinder Satellite Observations. Geophys. Res. Lett., 42, S. 1984–1991, doi: 10.1002/2015GL063040

77. Watling, J. et al.: Impact of pre-Columbian »geoglyph« builders on Amazonian forests, in: PNAS 2017 114 (8), S. 1868–1873, published ahead of print February 6, 2017

자연의 비밀 네트워크

1판 1쇄 발행 2018년 4월 10일
1판 5쇄 발행 2020년 4월 6일

지은이 페터 볼레벤
옮긴이 강영옥

발행인 김기중
주간 신선영
편집 박이랑, 강정민, 양희우, 정진숙
마케팅 정혜영
펴낸곳 도서출판 더숲
주소 서울시 마포구 동교로150, 7층 (04030)
전화 02-3141-8301
팩스 02-3141-8303
이메일 info@theforestbook.co.kr
페이스북 · 인스타그램 @theforestbook
출판신고 2009년 3월 30일 제2009-000062호

ISBN 979-11-86900-49-9 (03400)

이 도서의 국립중앙도서관 출판예정도서목록(CIP)은 서지정보유통지원시스템 홈페이지(http://seoji.nl.go.kr)와
국가자료공동목록시스템(http://www.nl.go.kr/kolisnet)에서 이용하실 수 있습니다.
(CIP제어번호: CIP2018008912)